〈お詫びと訂正〉
本書（大人のための「中学受験算数」）の 40 ページに以下の誤りがありました。
お詫びして訂正いたします。

《誤》
例題 10　ある年の **3** 月の日曜日の日付を全て足すと 54 になりました。この月の最初の日曜日　　　　　ですか？

解答
　日曜日　　　　　　　　　　　　　　　　　　よって
この**月**の
　7×（1
（54－42）

《正》
例題 10　ある年の **4** 月の日曜日の日付を全て足すと 54 になりました。この月の最初の日曜日は **4** 月何日ですか？

解答
　日曜日が 5 回あるときは日付の合計は 75 以上。よって
この**年**の **4** 月の日曜日は 4 回。
　7×（1+2+3）=42
（54－42）÷4=3　⇒　**4** 月 3 日…（答え）

大人のための「中学受験算数」

問題解決力を最速で身につける

永野裕之 Nagano Hiroyuki

大人のための「中学受験算数」―問題解決力を最速で身につける

目次

序章

なぜ、中学受験の算数で「問題解決力」が鍛えられるのか

第 1 章

柔軟な発想力がつく即効レッスン

第 2 章

問題を解くための道筋はこうつける

序章

なぜ、中学受験の算数で「問題解決力」が鍛えられるのか

中学入試のリアル

突然ですが、次の問題を考えてみてください。

> 点Oを中心とする半径8cmの円があります。円の斜(しゃ)線部分の面積は何cm^2ですか。ただし、円周率は3.14とします。

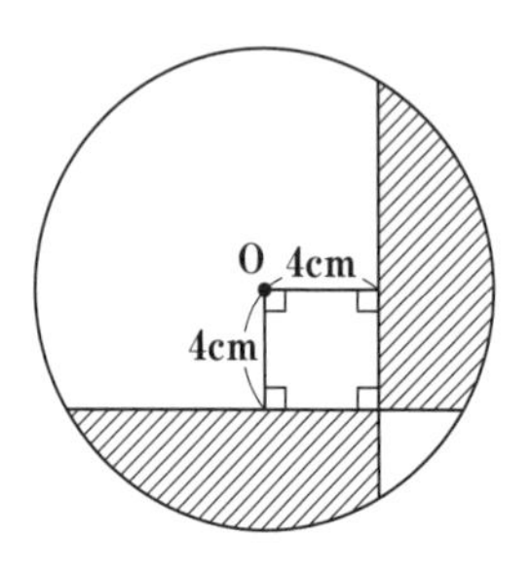

これは、2022年の中央大学附属中学校の入試問題です。

この問題を見てパッと方針が立った方には、本書がお役に立てる所はあまりないかもしれません。でも「え？　あれ？　どうするのかな？」と少しでも考えあぐねた方は、本書の対象読者です。

簡単に解説します。

扇形や三角形を組み合わせて斜線部分の図形の面積を求めることは難しそうです。そこで、次のように補助線を入れることを考えます。そうすると、

円が

・①の部分4つ

・②の部分4つ

・中央の8cm×8cmの正方形

に分けられます。

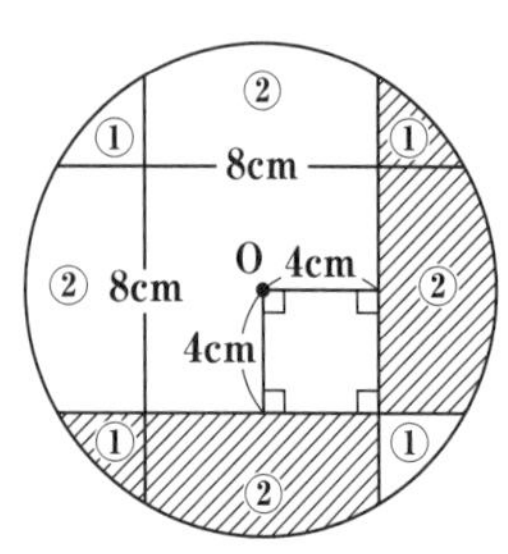

つまり、次のような関係が成り立ちます（問題文の指示通り、円周率には3.14を使います）。

①×4＋②×4＋8×8＝8×8×3.14

問題で問われているのは、①2個分と②2個分の和なので、上の式から次のように計算すれば答えが求まります。

⇒　（①＋②）×4＋64＝200.96
⇒　（①＋②）×4＝136.96
⇒　（①＋②）×2＝**68.48cm²**　**…（答え）**

ポイントは図の**対称性に気づけるか**、そして図形全体を**俯瞰する視点を持てるか**です。

率直に「難しい」と思われた方が多いのではないでしょうか。

2023年度の四谷大塚「Aライン80偏差値」（合格可能性80％に必要な偏差値）を見ると、中央大学附属中学校の偏差値は男子が57、女子が59となっています。近年人気の大学附属校ではありますが、際だって難関校というわけではありません。いわゆる中堅校です。また冒頭に紹介した問題は、本番の入試では①の小問集合の中の1つとして出題された問題であり、受験生としては確実に得点したい問題でしょう。

これが昨今の中学入試のリアルです。

「最近の中学入試の問題は、東大生でも解けない」といわれますが、あながち冗談ではありません。

中学受験生たちはこうした問題を解く厳しい訓練を受けています。たいていは小学3年生の2月から塾に通い（もっと早くから通塾する子もいます）、つるかめ算、流水算、ニュートン算、差集め算などの特殊算や、平面図形や空間図形のかなり難しい問題をたくさん解きます。そういう訓練を通じて、大人も舌を巻く難問に対応するための考え方のバリエーションを増やしていくわけです。

中学受験の実情を知らない方は「中学入試の算数が難しいといってもxやyを使って方程式を立てれば簡単でしょ？」と考えがちですが、それは大きな誤解です。中学受験の算数の問題で「方程式を使えば簡単に解ける」ような単純なものはほとんどありません。しかし、そういう問題も、図解したり、思考実験をしたり、俯瞰したり、差や比に注目したりすれば鮮やかに解けます。

数学が得意な方は、ぜひ本書に収められた問題を、方程式や$\sqrt{\ }$や三角比を使って解いてみてください。きっと、式を立てることが難しかったり、計算が非常に面倒だったりすることに気づかれることでしょう。その上で、本書に紹介する解き方をご覧になっていただければ**「なるほど！そう考えれば良いのか！」**と驚きをもって実感していただけると思います。

私は普段、数学塾の塾長として、中学生から社会人に至るまで幅広い世代に数学を教えていますが、当初は中学入試の算数については門外漢でした。それだけに、初めて中学入試の算数の問題を見たときはその質の良さ、レベルの高さに驚きました。

中学入試の算数は、小学校で教えられている算数とは別物であり、**出題者が受験生の未来を見据えている**ことがはっきりわかる問題ばかりです。入学後に提供される学びの場で十分に成長できる資質を持っているかどうかを確認することに焦点が合わせてあり、題材こそ「算数」ですが、**試しているのは数学の力**であると私は思います。

算数と数学の違い

そもそも算数と数学の違いはどこにあるのでしょうか。

私は常々、**算数の力は生活能力、数学の力は問題解決能力**だといっています。算数で学ぶ四則演算、ものの測り方、割合、比、濃度、速度などの知識やスキルを持っていないと、生活をする上で不便です。

一方、数学で学ぶ方程式や関数、数列、ベクトル等についての知識を、生活の中で直接使う人は少ないでしょう。

「中高のときに数学には苦労したけど、社会人になってからは使ったことがない。あんなに勉強して損した。数学なんて将来使う予定がある人だけの選択科目にすればいいのに」

こうした文句を聞くことも珍しくありません。しかし数学は、日本だけでなく、ほとんどの国で必修科目になっています。なぜでしょうか？

数学は、これまで出会ったことのない**未知の問題に対する解決能力**を磨くには最適の教科だからです。ここで私が強調したいのは「未知の」という部分です。

「既知の」問題であれば、算数でも訓練します。算数の学習でお馴染みの「ドリル」は、やり方を知っている問題の答えを素早く正確に導くための反復トレーニングです。

一方、数学では「ドリル」の類いを使う機会はどんどん減っていきます。数学を学ぶ目的は「知らない問題」へのアプローチの方法を会得することにあるからです。令和3年度からセンター試験に代わって実施されている共通テストでも、受験生の多くが戸惑うような新傾向の問題が多く出されています。受験生の真の数学の力を、つまりどれだけ未知の問題に対応できるかを測るためです。

「未知の問題に対する解決能力」は他の学問でも磨くことはできるでしょう。しかし、社会学や心理学などの生活に根ざした実学では「似たようなケースなのに結論が違う」ということが往々にして起こります。グレーゾーンの、「答え」が玉虫色の問題が少なくないのです。しかし、数学ではそういうことはありません。白か黒かがはっきりと出ます。だからこそ数学は、未知の問題に対する解決能力の訓練に最適なのです。

情報があふれ、価値観が多様化し、変化の早い現代に生きる私たちにとって昔の偉い人がつくってくれた「答え」はほぼ役に立ちません。次々と降りかかってくる「これまでに遭遇したことのない問題」を、自分の頭で解決する必要があるのです。**現代は、文系理系を問わず、人類史上最も数学の力が必要な時代である**と私は思っています。

大人が中学受験算数に取り組む意義

私は数学教師として約30年の経験がありますが、はじめから、**どのような発想を身につければ、「知らない問題」に対して適切な解法を自らつくり上げられるようになるか**を中心に教えてきました。そもそも私が数学塾を開くことにしたのは、数学を通じて問題解決能力、すなわち論理的思考力を持つ人材を育てたいと思ったからです。

ただ、題材が「数学」である以上、たとえばベクトルの問題を使って問題解決能力を磨こうと思ったら、まずはベクトルの基本概念を理解してもらわなくてはなりません。そうなると、多くの社会人にとってはハードルが高くなってしまいます。

かといって、中学の1、2年で習う簡単な数学だけで解けてしまう問題では、深い納得感はなかなか得られません。

こうしたジレンマの中で、学生時代に数学が苦手だった大人の方にも、なんとかして数学の力＝問題解決能力を身につけてもらう方法はないかと考えていたところ、思い付いたのが**「中学入試の算数を使う」**ということでした。

算数であれば、前提となる知識を改めて勉強してもらう必要はほとんどないでしょう。その上、前述のとおり中学入試の算数で問われる力は、数学の力です。与えられた条件と限られた知識を使って、**いかに「未知の問題」を解くかという醍醐味**を十二分に味わっていただくことができます。

中学入試の問題によく練られた良問が多いことは確かです。遊びたい気持ちをぐっとこらえて受験勉強を続けてきた小学生たちの努力に報いる問題をつくろう、未来を担う子どもの力を正しく把握しようという各学校の先生方の気概と矜持を感じます。

また、本書には、**解く喜び、考える喜びを感じられるような問題**を厳選しました。勉強としてではなく、クイズやパズルを解くようなワクワクする気持ちで取り組んでいただけると思います。

前提となる知識は最低限に抑えながら、数学の力＝問題解決力を、楽しみながら磨くことができる、これこそ大人が「中学入試の算数」に取り組む意義です。

受験算数で鍛える「問題解決のための10の発想」

そうはいっても、問題を漫然と解いて見せるだけでは、問題の面白さやわかったときの快感は味わっていただけたとしても、日常に活かせるような「問題解決力」の習得にはつながらないかもしれません。

そこで、中学入試問題の解説に入る前に、私が問題を解くのにいつも使っている**10個の発想**をお伝えしておきます。

これらの発想を組み合わせれば、どんな問題も解けると私は思っています。つまり、先ほどから繰り返している「問題解決力」とはこれらの発想の総称です。

《問題解決のための10の発想》

❶ 逆を考える

❷ 情報を図や表にする（視覚化）

❸ 差や比を考える（相対化）

❹ 思考実験をする（具体化）

❺ 法則を発見する（抽象化）

❻ 虫の目と鳥の目で見る（解析と俯瞰）

❼ 周期性を利用する

❽ 対称性を使う

❾ 言い換える

❿ 評価する

それぞれを簡単な算数の例題を使って紹介します。また次章以降の中学入試の解説では、どの発想を使ったかを明記しますので、併せて参考になさってください。

この10個の発想はどれも目新しいものではないと思います。大事なことは**「今、○○の発想を使っているな」と意識すること**です。自分の頭の使い方に意識を向けることで、ヒラメキに頼ることなく問題に解答できるようになります。

❶ 逆を考える

例題1 次のグレーの部分の面積を求めなさい。ただし、円周率は3.14とする。

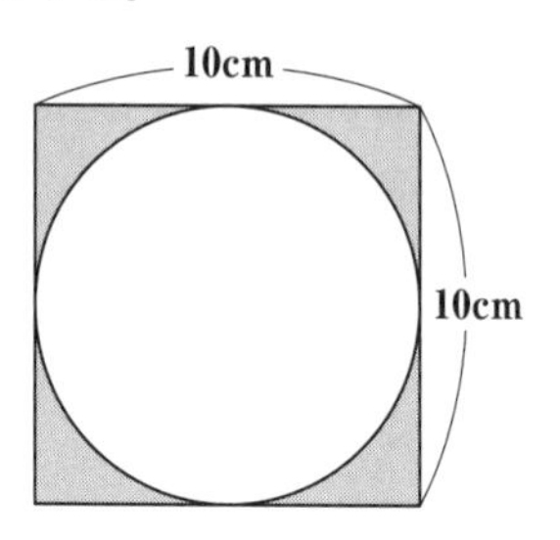

解答

グレーの部分の面積＝正方形の面積－円の面積

＝10×10－5×5×3.14

＝100－78.5

＝**21.5cm² …（答え）**

グレーの部分の面積を直接求めるのは、積分を使わない限り無理です。しかし、上のように正方形から円の面積を引けば簡単に求まります。

このように、「逆を考える」というのは**「それ以外」を先に考えて全体から引き算することで答えを求める**アプローチです。

たとえば、プレゼンの資料に必要なことが書かれているかどうかをチェックするとき「これも必要、あれも必要……」とばかり考えているとついつい冗長なものができあがってしまいます。そんなときは「逆を考える」視点を持って**「不必要なことが書かれていないか？」**という視点で見てみてはどうでしょうか。そうすれば「これは省いた方がいいな」と気づけることもあるでしょう。

柔軟な発想をすることが苦手な方には「さまざまな見方」の最初のオプションとして「逆を考える」視点を意識することをオススメします。

「逆を考える」には別の意味もあります。それは**「ゴールからスタートをたどる」**という発想です。たとえるならトンネルを掘るとき、入り口からだけでなく、出口からも掘っていくような考え方です。

ちょっと見ただけでは答えが見つからない問題でも「○○がわかれば答えがわかる→△△がわかれば○○がわかる→□□がわかれば△△がわかる……」というふうにさかのぼっていくと糸口が見えてくることがあります。

たとえば、こんな問題です。

例題2　次の□にあてはまる数を答えなさい。

4＋(2×□－1)÷3＝9

解答

4＋(2×□－1)÷3＝9
　　（(2×□－1)÷3 → 5）

➡　(2×□－1)÷3＝5
　　（(2×□－1) → 15）

➡ $$\underset{16}{\boxed{2\times\square}}-1=15$$

➡ $$\underset{8}{2\times\square}=16$$

よって、□=8 …（答え）

中学で習う移項を使って解いていく方法もありますが、ここでは「ゴールからスタートをたどる」ことで求めてみました。

計算の順序のルールでは、カッコ→「×、÷」→「＋、－」の順に優先順位がありますから、本来この式は次の①～④の順に計算していきます。

$$4+(2\times\square-1)\div3=9$$

④　①　②　③

①～③の計算を終えると最終的には「4＋●＝9」という形になります。これがゴール直前の計算です。「ゴールからスタートをたどる」というのは「●＝5であればいい。●＝5であるためには…」と考えていくアプローチです。これを順次繰り返していけば□の値がわかります。

「ゴールからスタートをたどる」発想はビジネスでも非常に有効です。たとえばマーケティングとは、消費者の求めているサービス・商品を調査し、販売する商品やサービス、その販売活動などを決定することをいいます。これは「顧客の満足」というゴールを最初に明確にするアプローチだといえます。

1つ事例を出しましょう。Coca-Cola（コカ・コーラ）はマーケティングによって、人々が「爽やかな味わい」を求めていることを洗い出し、このゴールに向けて、徹底した広告キャンペーンやスポンサーシップを繰り広げました。その結果ブランドイメージが強化され、爽やかな味わいを提供するだけでなく、そのブランド価値を高めることに成功しています。

❷ 情報を図や表にする（視覚化）

例題3 兄と弟の持っているお金の合計は1500円で、兄は弟より300円多く持っています。弟が持っているお金は何円ですか？

解答

（1500－300）÷2＝**600円** …**（答え）**

大人は、兄が持っているお金をx円、弟が持っているお金をy円とおいて連立方程式を立てたくなるかもしれませんが、**線分図**を使って図解すればもっと直観的に解けます。

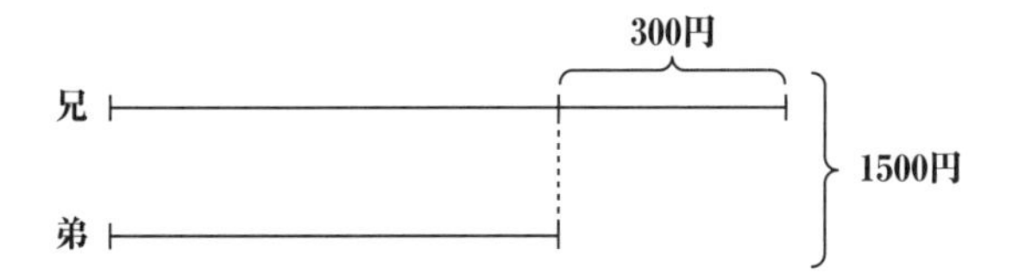

この図を見ると、兄が弟より多く持っている300円を差し引いてしまえば、弟の持っている金額の2倍が1200円であることがわかりますね。

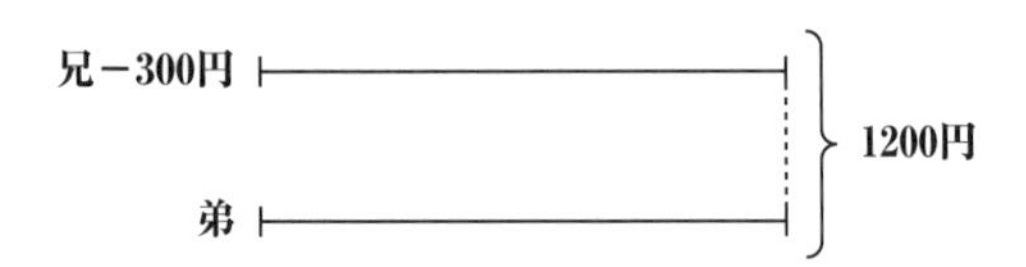

「百聞は一見に如かず」のことわざ通り、文字情報は図や表、グラフにまとめると途端にわかりやすくなります。後の章の中学入試問題では、問題文のわかりづらい(あるいは複雑な)文字情報を「視覚化」していきます。存分に、ぐっとわかりやすくなる快感を味わってください。

かつてフローレンス・ナイチンゲール(1820〜1910)は、クリミア戦争時下の野戦病院で多数の兵士が亡くなっているのは、戦闘による負傷のせいではなく、病院の衛生環境が悪いせいだということを統計データを使って視覚化して訴えるために「鶏のとさか」と呼ばれる有名なグラフを作成しました。

クリミア戦争におけるイギリス兵の死亡原因

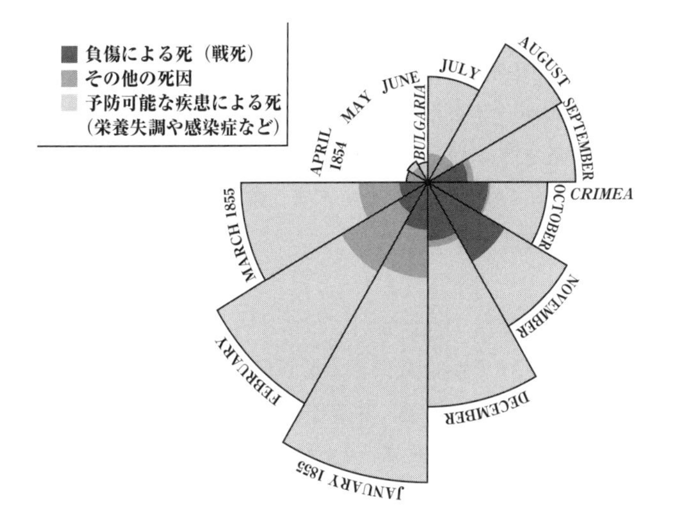

［永野裕之『ふたたびの確率・統計［2］統計編』（すばる舎）より］

このグラフは、半径の差が扇形の面積に反映する（面積は半径の2乗に比例する）ことを使って差異が際だって見えるようになっていて、視覚的に大変効果的です。

ナイチンゲールの「鶏のとさか」グラフは政府を動かし、病院の衛生環境は改善しました。その結果、入院患者の半数近くが亡くなっていた野戦病院の死亡率は数％にまで激減しました。図解のわかりやすさによって、多くの命が救われたのです。

❸ 差や比を考える（相対化）

例題4 午前8時ちょうどに家を出て駅に向かいます。分速80mで歩くと、乗りたい急行の発車時刻の4分前に駅に着きますが、分速60mで歩くと乗りたい急行の発車時刻に1分遅れてしまいます。乗りたい急行の発車時刻は何時何分ですか？

解答

分速80mで歩いたときと分速60mで歩いたときの速さの比は4：3なので、駅までにかかる時間の比は3：4。

駅に着く時間の差は、4＋1＝5分。分速80mで歩いたときにかかる時間は、

5×3＝15分

よって、乗りたい急行の発車時刻は

8時00分＋15分＋4分＝**8時19分 …（答え）**

この問題も「駅までの距離をxmとおいて……」と思った方が多いと思います。しかし、

$$速さ＝\frac{距離}{時間}$$

であることから、同じ距離を移動するとき、**速さの比と時間の比が逆比になる**ことを使えば、駅までの距離を求めなくとも簡単に解けてしまいます。

分速80mと分速60mの速さの比は4：3ですから、駅までにかかる時間の比は、3：4です。

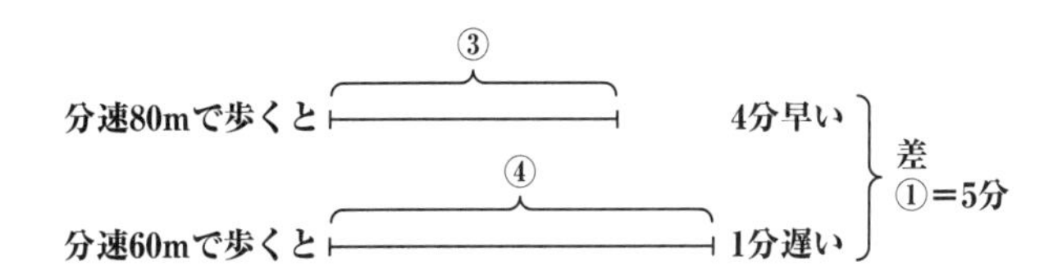

この後は、駅についた**時間の差**に注目していきます。

上の図にあるように、分速80mで歩いたときにかかる時間の比を③、分速60mで歩いたときにかかった時間の比を④とすれば、実際の差は5分ですから、比①の差が5分であることがわかります。

よって、分速80mで歩いたときにかかる時間は③＝5×3＝15分ですね。駅に着いたのは、急行の発車時刻の4分前なので、急行の発車時刻は、8時19分です。

もし、立ち止まっているときに、すぐ目の前を時速100kmの車が通過したら、瞬く間に走り去ってしまうので車内の様子を知ることは難しいでしょう。しかし、高速道路などでこちらが時速90kmで走っていれば、時速100kmで追い抜いていく自動車はゆっくりに感じられますし、車内の様子も(見ようと思えば)見えると思います。

いうまでもなくこれは、相手が時速100kmのとき自分が時速90kmで同じ方向に走っていれば、自分からは時速10kmに見えるからです。このように**対象を他のものとの比較関係の下に置くこと**を「相対化」といいます。比較をする方法はさまざまありますが、最もポピュラーかつ基本的なのは**差を考えること**と**比を考えること**です。

世の中に絶対的な評価ができるものはほとんどありません。たいてい比較対象があって初めて価値や意味がはっきりします。

たとえば、新型コロナの感染者数が連日のニュースになっていた頃は、「今日の感染者数は○○人」の後に「先週と比べて+△△人」や「前日と比べて−□□人」のような数字が続きました。差を知ることで増えているのか減っているのかがわかり、数字の意味がはっきりするからですね。

また相対化においては比を見る、すなわち「何倍になっているのか」と見ることも有意義です。ニュースで、ある企業の年間赤字が20億円と聞くと、イメージとしては「すごい赤字だ」と思ってしまうかもしれませんが、その企業の年間売上が2000億円あるのなら、赤字は売上の1%に過ぎません。

ビジネスにおいては商品開発も価格戦略も人材管理も、競合他社との差別化の意識がなければ成功しないと思います。差や比に注目して自社と他社を相対的に見る視点はぜひ身につけたいものです。

❹ 思考実験をする(具体化) & ❺ 法則を発見する(抽象化)

例題5 下の図のように、数が規則的に並んでいます。50段目の左から2番目の数は何か答えなさい。

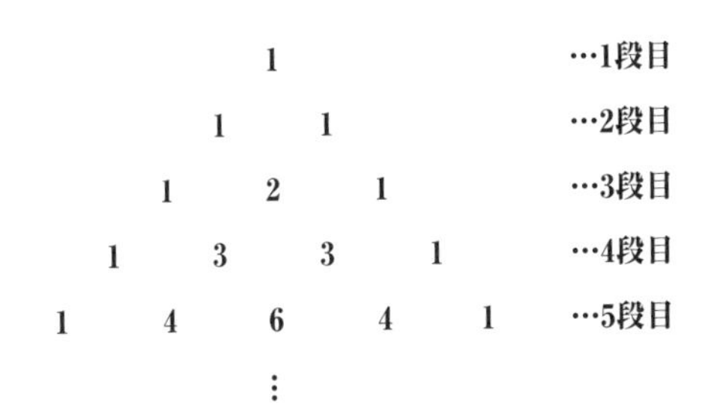

解答

n段目の左から2段目の数は、「$n-1$」になっています。
よって、50段目の左から2番目の数は、49 …(答え)

問題文の図のような数の並びを**「パスカルの三角形」**といいます。「人間は考える葦(あし)である」という名言を遺し、数学者としても物理学者としても哲学者としても優れた業績を残したあの**ブレーズ・パスカル(1623〜1662)**がこの数の並びについての論文を書いたことから、彼の名前にちなんで、そう呼ばれるようになりました(この数の並びを研究した学者はパスカル以前にもいました)。

「パスカルの三角形」は、$n+1$段目の数が$(a+b)^n$の展開式の係数と一致することから、代数学や確率論の分野では特に重要なのですが、そこには深入りせず、まずは「パスカルの三角形」がどのような規則になっているのかを見ていきましょう。

最上段（1段目）と各段の両端は「1」です。**それ以外の数は、左上と右上の数の和**になっています（下図参照）。

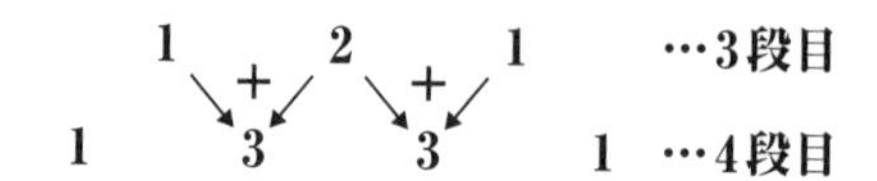

問題で問われているのは「50段目の左から2番目の数」です。規則がわかったので、下の段までどんどん書き進めていけばいつか答えがわかりますが、さすがに50段目までやるわけにはいきません。こんなときは「実験」です。「○段目の左から2番目の数」を書き出していきましょう。

2段目の左から2番目の数…1
3段目の左から2番目の数…2
4段目の左から2番目の数…3
5段目の左から2番目の数…4

このあたりまでくると、規則性が見えてきますね。そうです。どうやら**n段目の左から2番目の数は$n-1$**になるようです。これより「50段目の左から2番目の数は49」とわかります。

ちなみにパスカルの三角形の、各段の左から2番目の数をつないでいくと「1、2、3、…」と**1から始まる連続す**

る整数の列が現れます(各段の右から2番目の数をつないでいったときも同様です)。

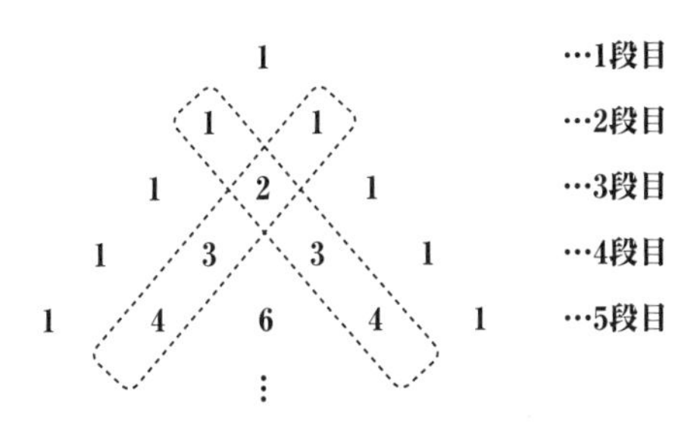

念のため、このようになる理由を考えておきましょう。

まず、2段目の左から2番目の数は「1」です。3段目以降は、各段の左から2番目の数は「1つ上の段の左端の数」と「1つ上の段の左から2番目の数」を足したものになりますが、左端の数は必ず「1」なので、各段の左から2番目の数は常に「1つ上の段の左から2番目の数」に「1」を加えたものになります。これが「各段の左から2番目の数をつなぐと1から始まる連続する整数の列になる」理由です。

ここで少し難しい用語の確認をさせてください。

推論において、具体例を積み上げて一般的・普遍的に成り立つ法則を導くことを**「帰納」**といい、逆に一般的・普遍的に成り立つ法則を個々の具体例にあてはめることを**「演えき」**といいます。

たとえば「一昨年も、昨年も、今年も桜は散った。だから桜というのは散るものなのだろう」と考えるのは帰納であり、「桜は散るものである。だから来年の桜も散るだろう」

と考えるのは演えきです。

数学の問題を解くときに、公式(一般に成り立つ法則)に具体的な数字を当てはめて答えを出すのは「演えき」です。この「公式にあてはめて解く」という手法は強力な上に楽なので、一度味をしめると公式に依存する人が続出します。

しかし、帰納と演えきは車輪の両輪のような関係です。どちらか一方だけでは思うように推論を進めることはできません。

上の例題で、私たちは2段目、3段目、4段目…と具体的に考えてみることで「n段目の左から2番目の数は$n-1$」という法則を導きました。まさに帰納的に考えたわけです。

大人の皆さんは演えき的に考えることは得意なのですが、帰納的に考えることは苦手な方が多いようです。しかし、上の例題のように「公式がない」「法則性が見つからない」ときは、まずは具体的に**思考実験をしてみる**という地道な手法がとても大きな力を発揮します。

いくつかの実験によって帰納的にある法則が見つかれば、今度はそれを演えき的に用いて、より複雑な問題を解けば良いのです。いわば、具体と抽象の間でキャッチボールをする感覚で、これが身につけば、問題解決における強力な武器になります。

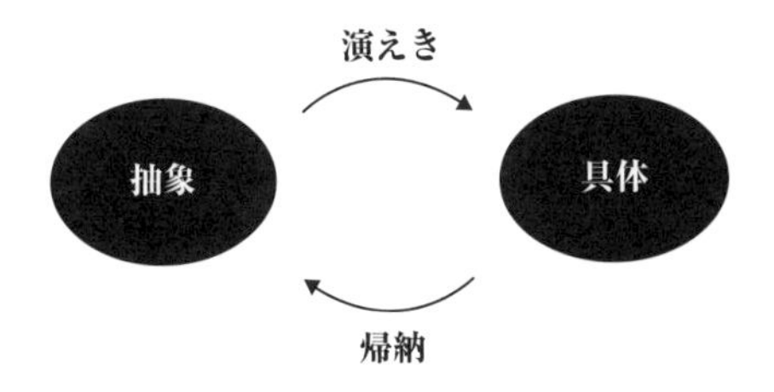

ビジネスにおいて、過去の具体的な売上データから傾向やパターンを分析し将来の売上予測に役立てようとするのは帰納的なアプローチです。一方、自社の内部環境と外部環境のプラス面とマイナス面を「Strength（強み）」「Weakness（弱み）」「Opportunity（機会）」「Threat（脅威）」として洗い出して分析するSWOT分析のようなフレームワークを使って、特定のビジネス戦略を練るのは演えき的であるといえるでしょう。

❻ 虫の目と鳥の目で見る（解析と俯瞰）

例題6 Aの家とBの家は一本道で結ばれています。AとBは同時に自宅を出発し、お互いの家の間を一定の速さで一往復しました。下のグラフは2人が進んだ様子を表したものです。グラフのxにあてはまる数を求めなさい。

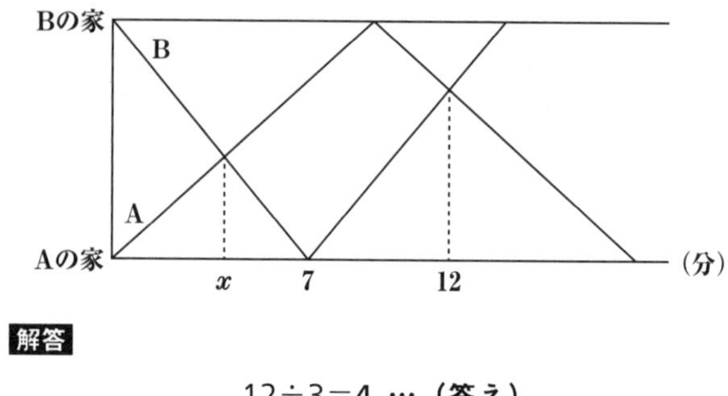

解答

12÷3=4 …（答え）

大人はつい、Aの家とBの家の間の距離を文字におき、さらにAの速さとBの速さをそれぞれ未知数として方程式を立てようとしがちです。そのときには、Bが7分でAの家に着いていることや、12分で2回目に出会っていることなどを使うでしょう。けっこう面倒です。

でも次のように考えれば、**たった1行の式で答えが出せます**。

AとBが2回目に出会うまでには、2人合わせて両家の間の道のりの3倍の距離を歩きます(下図参照)。2人はそれぞれ一定の速さで歩いているので、**AとBが2回目に出会うまでにかかる時間は、1回目に出会うまでにかかる時間の3倍**です。

グラフから2回目に出会うまでにかかる時間は12分とわかるので、1回目に出会うまでにかかる時間(x)はその$\frac{1}{3}$の4分です。

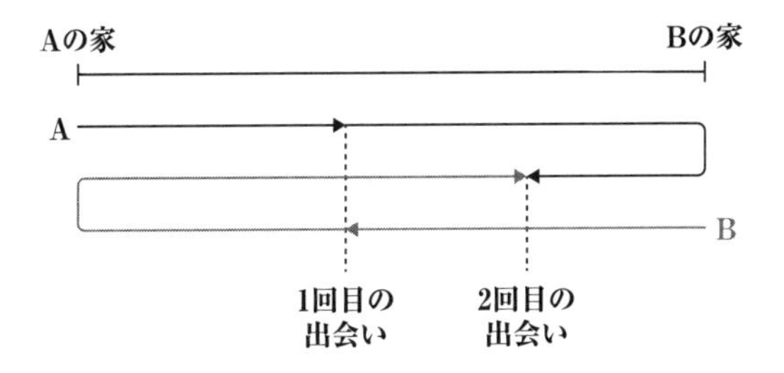

対象(この場合はグラフ)を詳しく調べて論理的に明らかにすることを**解析(analysis)**といいます。問題を解決したいとき、まずは精査してみようと思うのは当然ですし、多くの問題で解析的なアプローチは有効です。もっとも、詳しく見ようとするあまり、対象に近づきすぎて袋小路に入ってしまうこともあります。ことわざでも「木を見て森を見ず」といいますね。些末(さまつ)なことばかりに目が向いて、本質を見失ってしまうわけです。そんなときは意識して対象と距離を取り、**俯瞰**しましょう。

以前、数学オリンピックに挑戦する高校生の青春を描いた人気漫画『数学ゴールデン』(白泉社)の作者、藏丸竜彦(くらまるたつひこ)さんと対談させていただいたときも、問題解決における俯瞰の大切さという点で意気投合しました。『数学ゴールデン』の中に、問題の壁にぶつかり苦悩する主人公が「そうか!」とひらめいた瞬間、主人公の背中に羽が生えて空高く舞い上がるシーンがあります。絵の中に「大局観(エンジェルポジション)」と大きく書かれているそのシーンは、「鳥の目」によって問題の本質が見えてくるイメージと快感が見事に描かれていました。

もちろん俯瞰だけに頼っていると、大雑把になってそもそも考えるべきことが見えてきません。解析と俯瞰、いわば虫の目と鳥の目を上手に使い分けること、**意識的に細部を見る視点と全体を見る視点を切り替えられること**が重要です。

ビジネスにおいても、コスト削減を目指すなら、経費やリソースの使用状況を虫の目で詳しく解析し、無駄を見つけていく必要があるでしょう。一方、リソースを最適化するためには、組織全体を俯瞰する鳥の目をもって配分や優先順位を決める必要があります。

❼ 周期性を利用する

例題7 $\frac{1}{13}$を小数で表すとき、小数第100位の数は何ですか？

解答

$$1 \div 13 = 0.076923076\cdots$$

$$100 \div 6 = 16 \cdots 4 \text{（16余り4）}$$

よって、小数第100位の数は、**9 …（答え）**

いうまでもなく、1÷13の計算を筆算で、小数第100位まで求めるのは事実上不可能です。こんなときは、**「周期性がないか？」**と考えることが役に立ちます。

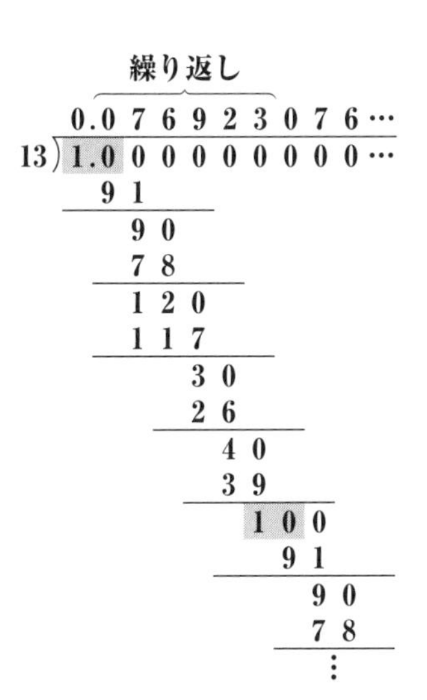

このように1÷13の計算を小数第6位まで行うと、あまりが「1」となり、このあとはこれまでと同じ計算が続くことがわかります。

つまり、商の小数点以下は「076923」の6個の数字を周期的に繰り返すので「100÷6＝16あまり4」より、小数第100位の数は「9」です。

1回目　2回目　　6回目　小数第100位

0.076923 076923 … 076923 0769

小数第96位

2012年の5月21日、日本列島の太平洋側の一部で「金環日食」が見られました。広い地域で観測できるとあって、当時はコンビニでも太陽を見るための特別なサングラスが売られるなど、ちょっとしたブームになったのでご記憶の方も多いと思います。

日食は、太陽→月→地球がこの順に一直線に並んだときに観測される現象です。月が太陽を隠しきれずに光が輪っかのように漏れているときは「金環日食」といいます。

次に日本で金環日食が観測できるのは、2030年の6月1日の北海道です。また本州で金環日食を観測するには、2041年の10月25日まで待たなくてはなりません。

月の軌道面と地球の公転面は傾いているため、新月のときでも月と太陽は重ならないことのほうが多いです。また、日食は月の影が地球に落ちたエリアだけで見られるので、太陽と月と地球が一直線に並んだときでも、観測できる地域は限られます。さらに、「金環日食」は月の見かけのサイズが太陽の見かけのサイズよりわずかに小さくなるという条件まで必要なので、かなり珍しい現象です。

やや話が逸れましたが、どうしてこうした10年も20年も先の天体の位置関係が正確にわかるのでしょうか？　それは**天体の運行は周期的**だからです。

周期的であるということは、同じことが繰り返されるということなので、**既に得られたデータを使って、遠い未来やとてつもない大きな数の計算などが可能になります**。

ビジネスにおける在庫管理でも、過去のデータを分析して需要のピークや落ち込みの周期性をつかむことができれば、過剰在庫や在庫切れのリスクを最小限に抑えることができます。また財務計画においても、収益に周期性が認められれば、繁忙期には収益を蓄え、閑散期にはそれを使って経営を安定させるといった計画を立てることもできるでしょう。

❽ 対称性を使う

例題8　一辺の長さが8cmの立方体ABCD−EFGHを、下の図のように1つの平面APQRで切って2つの立体に分けたとき、頂点Gを含む方の立体の体積を求めなさい。

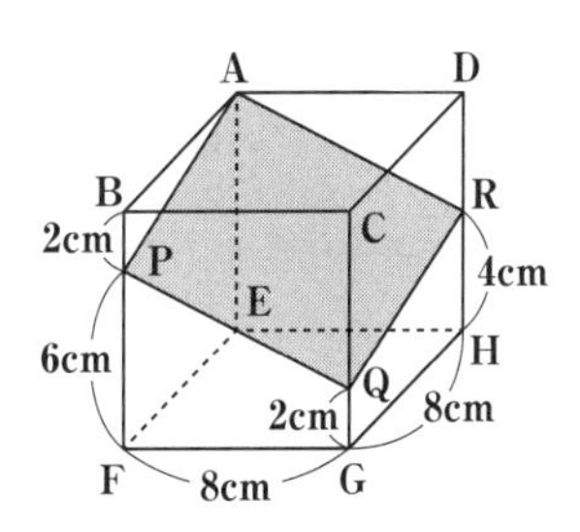

解答

$8 \times 8 \times 10 \div 2 =$ **320cm³ …（答え）**

四角柱でも四角錐（すい）でも四角錐台（すいだい）でもない「頂点Gを含む方の立体」の体積を求めるのは難しく感じるかもしれませんが、**対称性を利用**すれば比較的簡単です。

「対称」とは、ものとものとが互いに対応してつりあいが取れていることをいいます（左右対称や点対称など）。数学では頻繁に図形や式の対称性を使いますが、それは、**あ**

るものをそれと対称になっている他のものと対にすることで、隠れていた「全体」が見えて、既知の論理や性質が使えるようになるからです。

例題8の「頂点Gを含む方の立体」も、同じ立体をもう一つ用意して上から逆向きに重ねれば、8cm×8cm×10cmの直方体になり、体積が簡単に求まります(下図)。

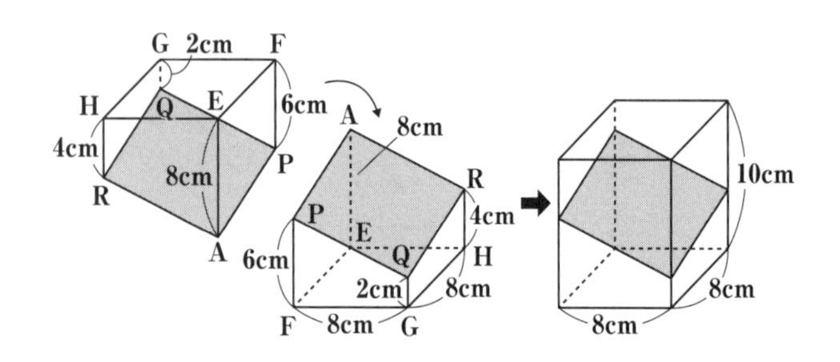

この直方体は「頂点Gを含む方の立体」2つ分なので直方体の体積÷2で答えが出せます。

対称性を発見しようとすることは、自分が見ているものがより大きな全体の一部なのではないかと考えることであり、それは視野を広げることにもつながります。そして実際に対称性が見つかれば、情報量が格段に増えて、既知の論理・性質・情報を適用できるので、鮮やかな展開が可能になることが多いのです。

対称性を意識することは、言い換えれば、反対側にあるものとの**バランスを保とうとする**ことでもあります。

この感覚はビジネスにおいても重要です。

たとえば、サプライチェーン(製品が、原料の段階から消費者のもとに至るまでの全過程)管理において、供給業者や顧客との関係でフェアな対称性を保ち、リスクや責任を分散させることができれば、サプライチェーンの効率と安定性を向上させることができます。また、プロジェクトのためにチームを組むときも、チーム内における対称性を意識して、役割や責任を均等に分担し、メンバー間の協力を促すことで、より効率的で円滑なコミュニケーションが生まれるでしょう。

❾ 言い換える

例題9 100円玉2枚、50円玉3枚、10円玉6枚から1枚以上を使ってぴったり払える金額は全部で何通りありますか。ただし1枚も使わない硬貨があってもよいものとします。

解答

100円×2＋50円×3＋10円×6＝410円

よって、**41通り …（答え）**

この問題を最近話題のChatGPT(Model：GPT-4)に解かせてみました。以下はその解答です。

ChatGPT(Model：GPT-4)の解答

それぞれの硬貨について、選択肢の数は次のようになります。

100円玉：3通り（0, 1, 2枚）

50円玉：4通り（0, 1, 2, 3枚）

10円玉：7通り（0, 1, 2, 3, 4, 5, 6枚）

これらの選択肢を組み合わせると、3×4×7＝84通りの支払い方法があります。

ただし、すべての硬貨を使わない状況（0枚）も含まれているため、それを除外すると、83通りの支払い方法があります。

2023年の3月中旬にリリースされたGPT-4は「司法試験の上位10％のスコアをたたき出した！」と喧伝されていたので期待しましたが、残念ながら上記は誤答です。83通りの支払い方法の中には重複する金額があります。もちろんこの中から重複する金額を除外すれば正解ですが、重複を洗い出すには書き出していかざるを得ないので、やや面倒です。

ChatGPTのこのアプローチは「よくある方法」だと思いますが、この解法は、どうして面倒なのでしょうか？ それは硬貨の使用パターンの場合の数と支払える金額とが**1対1に対応していない**からです。

そこで別のアプローチを考えます。「100円玉2枚、50円玉3枚、10円玉6枚から1枚以上を使って払える最高金額」を考えてみましょう。そうすれば、払える最高金額は410円であることがわかります。10円～410円の10円刻みの金額は、問題文で問われている「払える金額」と**1対1に対**

応しているので、答えは、41通りです。

このように、正攻法(最初に思いつく方法)で解こうとすると難しく感じる問題は、別の表現で**言い換える**ことを考えます。

ただし、言い換えるといっても**元の問題と本質的に同じ**でなければ意味がありません。そんな言い換えの代表はこの問題でも意識した**「1対1対応」**です。

そもそも人間は数を使うようになる以前から、「1対1対応」を使っていました。英語で「計算」を意味する“calculation”の語源がラテン語で「小石」を表す“calculus（カルクルス）”なのは、数を使えなかった時代の人類が、小石と数えたいものを1対1に対応させていたからだといわれています。たとえばある酪農家が5頭の牛を飼っているとします。この酪農家の主人は「5」という数は使えません。しかし、1対1対応を使って「数える」ことは知っています。彼の毎朝の日課は小石と放牧前の牛を1対1に対応させることです。こうしておけば、放牧後にその小石と牛を再び1対1に対応させることで、まだ帰ってきていない牛がいるかどうかを判断できます。現代でも映画館の入り口でチケットをもぎるのは、チケットの半券は映画館の中の人と1対1に対応していて数えやすいからです。

数学の世界では**複雑な問題を簡単な問題に言い換えて、問題を解決しようとする**ことがよくあります。座標軸上の点とその点を表す座標が1対1に対応していることを使って、関数や方程式の問題をグラフで考えるのも、その例だといえるでしょう。

日本を代表する実業家の故・稲盛和夫氏は、品物とお金が動いた際に、必ず伝票が起票され、それが品物やお金とともに動いていくという「1対1対応の原則」の重要性を説きました。複雑なヒト・モノ・金の流れが伝票と1対1に対応することで、会計処理や在庫管理などの業務効率や精度が向上し、不正やミスを防ぐことができるからです。また、1対1に対応している伝票があれば、売掛金や買掛金などの回収や支払いもスムーズに行えるようになります。

⑩ 評価する

例題10　ある年の3月の日曜日の日付を全て足すと54になりました。この月の最初の日曜日は3月何日ですか？

解答

日曜日が5回あるときは日付の合計は75以上。よってこの月の3月の日曜日は4回。

$$7\times(1+2+3)=42$$

$(54-42)\div4=3$　⇒　**3月3日　…（答え）**

この問題を解くには、日曜日が4回なのか5回なのかを知る必要があります。しかし問題文では明らかにされていません。そこで「もし5回だったら日付の合計はいくつになるのだろうか？」と考えてみます。

1回目の日付		□
2回目の日付		□ ＋ 7
3回目の日付		□ ＋ 7 ＋ 7
4回目の日付		□ ＋ 7 ＋ 7 ＋ 7
5回目の日付	＋)	□ ＋ 7 ＋ 7 ＋ 7 ＋ 7
		□×5＋7×4＋7×3＋7×2＋ 7

図から、もし日曜日が5回あったのなら、最低でも(□が1の場合でも)日付の合計は、

$$
\begin{aligned}
&1\times5+7\times4+7\times3+7\times2+7\times1\\
&=1\times5+7\times(4+3+2+1)\\
&=5+7\times10=75
\end{aligned}
$$

という計算で、75とわかります。

でも、問題文には「日付を全て足すと54」とあるので、日曜日は5回ではなく、4回であることがわかります。

日曜日が4回の場合、日付の合計は上と同じように考えて、

1回目の日付		□
2回目の日付		□ ＋ 7
3回目の日付		□ ＋ 7 ＋ 7
4回目の日付	＋)	□ ＋ 7 ＋ 7 ＋ 7
		□×4＋7×3＋7×2＋ 7

□×4と7×(3＋2＋1)の和です。これが54なので

$$\begin{aligned}
&\square\times4+7\times(3+2+1)\\
&=\square\times4+7\times6\\
&=\square\times4+42=54\\
&\Rightarrow\quad\square=(54-42)\div4\\
&\Rightarrow\quad\square=3
\end{aligned}$$

とわかります。

ポイントは**「評価する」**という感覚です。日常語で「評価」というと、ものの善悪や価値を定めることを指しますが、数学でいう「評価」には**範囲を絞る**という意味があります。

問題を解決しようとするとき、答えをダイレクトに導けるとは限りません。そんなときは**「答えそのものはわからないけれど、この範囲にはあるはずだ」**と考える手立てが有効です。これが「評価」です。

難しく考える必要はありません。皆さんが何かを選ぼうとするときは自然と数学でいう「評価」をしています。

たとえば、毎日の服選び。当然「その日の気候に合う」、「その日に行く場所のTPOに合う」という条件を満たすものの中から探しますね。夏だというのに、冬物も含めて検討する人はいないでしょう。この感覚が問題を解決しようとするときにはとても役立つのです。

「評価」ができるということは、**観察**ができるということです。スーパーでトマトを買おうとするとき、まずは野菜コーナーに行きますね。さらに、色相環に沿って並べられるなど大抵は色別に陳列されていることが多いので、赤いものが並んでいる棚を探すでしょう。トマトを買おうとして「スーパー→野菜コーナー→赤色の棚」と範囲を絞るのは数学でいう「評価」であり、これを行うにはスーパーの売り場全体を観察する必要があります。

商品開発においても、人材の発掘においても、求めるべきものがどこにあるのかを「評価」することは大変重要です。でも最初は少し難しいかもしれません。そんなときは、まわりの状況をよく見る観察眼を磨くことから始めるとよいでしょう。

本書の使い方

機械学習やAIといったテクノロジーの発展、情報化社会におけるクリティカルシンキングの必要性、価値観の多様化による問題の複雑化・個人化などが目立つ現代は、数学が欠くべからざる教養になっている……それは認めるけれど、**中高の数学を改めて勉強するのはハードルが高いと思っている方**が、この本のメインターゲットです。

数学の知識はほとんど必要ない中学受験の算数を通して、数学的思考力、数学的問題解決力を身につけるお手伝いをします。

また、**中学受験の現状を知りたい方**や**中学受験生を子に持つ保護者の方**にもぜひ読んでいただきたいと思っています。本書を読んでいただければ、「小学生がここまでの内容を学んでいるのか！」と驚かれるでしょう。日本の、いや世界の将来を担うために努力を惜しまない子どもたちにエールを送ってあげてください。

本書は難易度別に3つの章に分かれています。第1章は基本問題編として、柔軟な発想を育んでもらうことを意図しています。第2章は応用問題編として、問題解決のための発想を使いこなし、自ら解法を導き出せるようにします。第3章は挑戦問題編として、難問かつ良問にチャレンジすることで、算数の奥深さを味わい、数学的思考を磨いてもらいます。

1つひとつの問題は独立していますので、どの問題から始めていただいても構いません。できれば、紙とペンと用意していただいて、まずは独力でチャレンジしてみてください。そうすれば、たとえ解けなかったとしても、その後の解説により大きくうなずいていただけると思います。

各章8問ずつ、合計24問を選びました。どの問題も珠玉の良問です。学びが多いだけでなく、解く喜びやわかる喜びに満ちています。

本書を通じて、中学受験算数の奥深さや楽しさに触れていただき、読者の皆様の数学的思考力や問題解決力が向上することを願っています。

そして、ご興味を持たれた方は、ぜひ数学の学び直しに進んでください。そうすれば、本書で紹介した「問題解決のための10の発想」＝「数学的思考力」があらゆるところに顔を出すことに気づかれると思います。

序章としては比較的長くなってしまいましたが、最後に一番お伝えしたいことを書いて序章の締めの言葉とさせていただきます。

どうぞ、楽しんでください!!

WBC日本優勝に沸いた令和5年の春

永野 裕之

COLUMN 1

なぜ特殊算が必要なのか

中学入試の算数には、つるかめ算、過不足算、差集め算、仕事算、ニュートン算、時計算、通過算、流水算……などたくさんのいわゆる**「特殊算」**が登場します。

「特殊算？　そんなもの知らなくても方程式を立てれば解けるのだから、わざわざ勉強する意味なんてあるの？無駄に中学入試を難しくするためにあるんでしょ？」という意見を聞くことがあります。

確かに、特殊算の基本的な問題は、未知数をxとおいて方程式を立てればだいたい解けます。しかし、私は小学生が特殊算を学ぶ意味がないとは思いません。

なぜなら特殊算には**さまざまなものの見方**、**数学的な発想**がつまっているからです。

たとえば、最も有名な特殊算である「つるかめ算」には、極端な例を考えてみるという**思考実験**、差を考えるという**相対化**の力などを使います。また、同じ考え方を広く使うためには、共通の構造を見つけるという**抽象化**の力が必要ですし、別解としての図解を考える中で**視覚化**の力も磨くことができるでしょう。

つるかめ算の原型

「つるかめ算」の原型は、5～6世紀頃の中国（南北朝時代）の数学書『**孫子算経**』にある次の問題です。

> **雉兎同籠問題**
> キジとウサギが同じ籠の中に入っている。上に35の頭があり、下に94の脚があるとき、キジとウサギはそれぞれ何羽いるか？

最初は鶴と亀ではなく、キジとウサギだったのですね。この問題は日本に伝わり、江戸時代には縁起の良い鶴と亀に書き換えられました。

さて、この「雉兎同籠問題」を解いてみましょう。

連立方程式を知っている大人には難しい問題ではないと思いますが、「つるかめ算」の経験がなく、方程式も知らない子どもにとっては決して簡単な問題ではありません。

解決の糸口を探すために、最初にやってみるのは「思考実験」です。キジとウサギの頭数を適当に決めていろいろと試してみます。ただし、より効率の良い思考実験を目指すなら、**最初に極端な例を考えてみる**といいでしょう。

上の問題では「もし35羽が全部キジだったら?」と考えてみるわけです（全部ウサギだったら、と考えてもできます）。

キジの脚の本数は2本なので、35羽がもし全部キジなら脚の本数は

「2×35」で70本ですね。でも問題に与えられている脚の合計は94本ですから24本足りません。

そこで1羽だけキジをウサギに換えてみます。つまりキ

ジが34羽、ウサギが1羽と考えるわけです。このときの脚の本数は「2×34＋4×1」という計算で求めてもいいのですが、**キジが35羽だったときとの差を考える**と、計算が楽になります。キジが1羽減ったことで脚の本数は2本減りますが、代わりに入れたウサギの分の4本は増えています。結局、脚の本数は「4－2」で都合2本増えたことになるので72本です。

さらにもう1羽キジをウサギに換えたときも同じように脚の本数は2本増えますので脚の合計は74本になるでしょう。

ここまでの思考実験からキジをウサギと差し換える度に脚の本数は2本増えることがわかりました。

35羽全部がキジであると仮定したときの脚の本数（70本）は、本当の脚の本数（94本）に24本足りなかったので、「24÷2＝12」という計算によって、キジを12羽ウサギと取り換えれば脚の本数は94本になることがわかります。

答え…キジ23羽、ウサギ12羽

さらに、こうしたつるかめ算の考え方は、「1つあたりの量が異なるものをいくつかずつ足し合わせたときの合計が与えられたとき、それぞれがいくつずつあるかを求める問題」では常に使えるという**抽象化**も大切です。式で書けば、つるかめ算が使える問題には

$$\begin{cases} \text{ア}+\text{イ}=\sim \\ \text{ア}\times a+\text{イ}\times b=\sim \end{cases}$$

という構造が共通します。余計な情報をそぎ落として、この構造を見抜くことができなければ、つるかめ算を通じて得られた知見を広く活かすことはできません。

つるかめ算の図解

また、つるかめ算は図解によって解くこともできます。

キジの頭数×2＝キジの脚の数の合計
ウサギの頭数×4＝ウサギの脚の数の合計

であることから、

横×縦＝長方形の面積

を連想し、それぞれの**脚の数の合計を長方形の面積で考えるのです**。

次の図でABの長さはキジの頭数、BEの長さはウサギの頭数を表すことにすると、左の長方形ABCDの面積はキジの脚の合計、右の長方形BEFGの面積はウサギの脚の合計を表すことになります。キジとウサギの脚の合計が94本であることは、この2つの長方形の面積の合計が94であることを意味します。

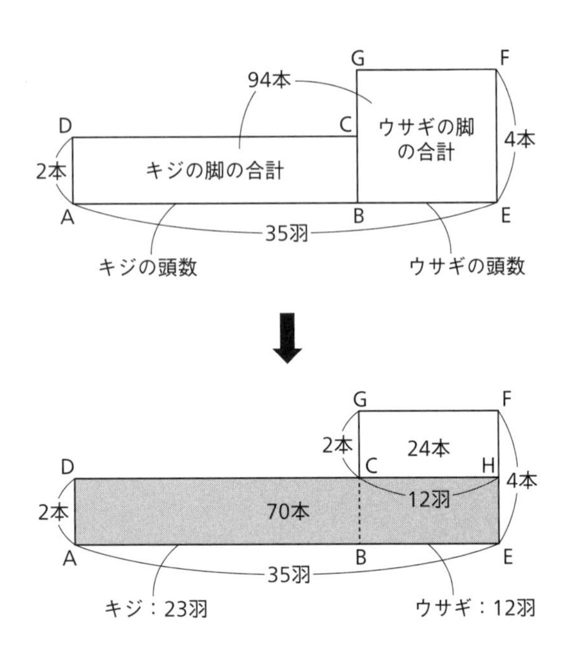

さてここでDCをCの側に延長して長方形DAEHをつくると、この長方形の面積が70になることから、右上の長方形CHFGの面積は24であることがわかります。ここでCGの長さはEFとADの差ですから「2」ですね。よって、CHの長さすなわちウサギの頭数は12羽とわかります。全部で35羽ですからキジは23羽と求まるわけです。

つるかめ算を長方形を使って図解する経験は、「速さ×時間＝距離」とか「濃度×食塩水の重さ＝食塩の重さ」とか「平均×個数＝総数」のような掛け算で表される量（2次の量）はいつも、面積を使って図解できるという学びに繋がります。

古代ギリシャのピタゴラスは、いわゆる三平方の定理(直角三角形で、直角をはさむ2辺の長さをaとb、斜辺の長さをcとすると、$a^2+b^2=c^2$が成立するという定理)を証明する際、面積を使いました。三平方の定理もまた2次の量についての式だからです。

つるかめ算は、特殊算の中でも特に学ぶべきところが多いものではありますが、他の特殊算にも同じような「うまい工夫」があり、そこには方程式を使って機械的に解いてしまうことからは見えてこないさまざまな気づきがあります。

もちろん、どんな問題でも型通りに解けてしまう方程式の力は偉大です。未知なる問題を演えき的に解くための準備として包括的な方程式の解法を学んでおくことは非常に有意義です。

しかし、それを学ぶのは中学生になってからでよいと私は考えます。ものの見方のバリエーションを増やす経験として、また、問題解決のための数学的な発想を磨く機会として、頭の柔らかい小学生のうちに特殊算に取り組むことは決して無駄になりません。

第 1 章

柔軟な発想力がつく即効レッスン

さあ、それでは実際の中学入試の問題を紹介していきます。

この章に選んだ問題は、中学入試の問題としてはスタンダードな良問ばかりです。もしかしたら「これでスタンダード？」と驚かれるかもしれません。しかし、「問題解決のための10の発想」を使えば、どれも比較的簡単に解けます。まずは「10の発想」を使うことに慣れていきましょう。

問題1. 白陵中 ［法則の発見・言い換え］

$\boxed{}$に適(てき)する整数をいれなさい。

$$\frac{39}{17}=\boxed{ア}+1\div\{\boxed{イ}+1\div(\boxed{ウ}+1\div\boxed{エ})\}$$

$\boxed{}$に適する「整数」を入れなさいという問題ですが、一見ややこしそうな式を見てひるんでしまう人もいるかもしれませんね。

ここでのポイントは「言い換える」こと。問題文は割り算がたくさん出てきますが、これらを**分数で「言い換えて」みる**のです。

問題文では、$\boxed{ア}\boxed{イ}\boxed{ウ}\boxed{エ}$がすべて整数だといっているのですから、まず、$\frac{39}{17}$を帯(たい)分数で言い換えてみると、

$2+\frac{5}{17}$、つまり$\boxed{ア}$は2だとわかります。

残りの$\frac{5}{17}$について、「1÷……」となっている箇所を、分子が1の分数に言い換えてみると、次のようになります。

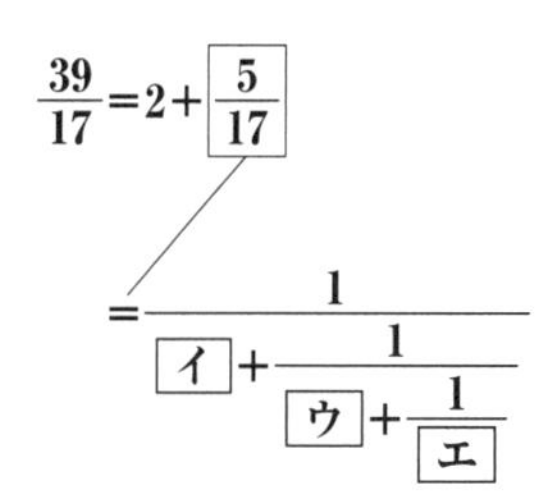

ちなみに、このように分母や分子が分数になっているものを数学では「繁(はん)分数」と呼びます。

では、この繁分数の中身を考えていきましょう。$\frac{5}{17}=\frac{1}{\square}$のとき、$\square$は何でしょう？

一般に$\bigcirc=\frac{1}{\triangle}$のとき、$\bigcirc\times\triangle=1$ですから、○と△は掛け合わせると1になる関係にあります。

このような関係にある数どうしを「逆数」といいます。今、$\frac{5}{17}=\frac{1}{\square}$なので、$\frac{5}{17}$と$\square$は逆数の関係、すなわち掛け合わせると1になる関係です。よって、$\square=\frac{17}{5}$とわかります。

$\dfrac{5}{17}$は、$\dfrac{1}{\frac{17}{5}}$と表すことができるわけです。$\dfrac{17}{5}$は、帯分数で言い換えてみれば$3+\dfrac{2}{5}$ですね。

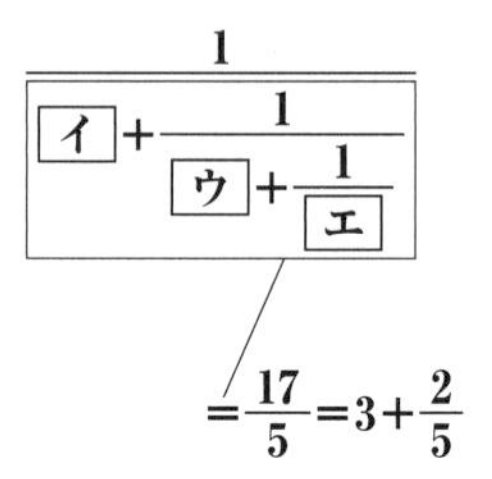

ということで、$\boxed{\text{イ}}$は3だとわかりました。あとは、$\dfrac{2}{5}$についても同じように考えて、

$$\boxed{\text{ウ}}+\frac{1}{\boxed{\text{エ}}}=\frac{5}{2}=2+\frac{1}{2}$$

となります。これで、$\boxed{\text{ア}}\boxed{\text{イ}}\boxed{\text{ウ}}\boxed{\text{エ}}$がすべてわかりました。解答は次のようになります。

$$\begin{cases} ア & \cdots \ 2 \\ イ & \cdots \ 3 \\ ウ & \cdots \ 2 \\ エ & \cdots \ 2 \end{cases}$$

$\frac{5}{17}$が$\frac{1}{\frac{17}{5}}$だと気づくためには、少し発想を柔らかくする必要がありますが、その後は**同じことの繰り返し**です。

CHECK

別の表現で言い換えられないかを考える

問題2. 城北中［法則の発見・隣り合うものの差］

1より小さい分数が

$\frac{1}{3}$、$\frac{2}{3}$、$\frac{1}{9}$、$\frac{2}{9}$、$\frac{4}{9}$、$\frac{5}{9}$、$\frac{7}{9}$、$\frac{8}{9}$、$\frac{1}{27}$、$\frac{2}{27}$、$\frac{4}{27}$、$\frac{5}{27}$、…

と並(なら)んでいます。このとき、次の問いに答えなさい。

(1)　分母が243の分数はいくつありますか。

(2)　90番目の分数はいくつですか。

数の並びからパターンを見つける問題です。並んでいる数に共通する性質は何だろうと考える、つまり受験者の**抽象化能力**を見る問題ということになります。

ではまず、数の並びをわかりやすくするために、分母が変わるところに区切りを入れてみましょう。

$$\frac{1}{3}、\frac{2}{3}、\Big|\frac{1}{9}、\frac{2}{9}、\frac{4}{9}、\frac{5}{9}、\frac{7}{9}、\frac{8}{9}、\Big|\frac{1}{27}、\frac{2}{27}、\frac{4}{27}、\frac{5}{27}、\cdots$$

ちなみに、このように数列をグループ分けしたものを「群数列」といい、高校の数学Bで習います。

この段階で、数列がどんなパターンになるかをざっと見てみましょう。すると、どうも分子が3の倍数のものが抜けているようです。$\frac{3}{3}$や$\frac{6}{9}$、$\frac{3}{27}$など、約分できる分数は列の中にありません。

(1)の問題では、分母が243の分数がいくつかを問うていますから、分子が3の倍数の分数を抜いて考えればよさそうです。

1～243の間にある3の倍数の個数は、

$$243 \div 3 = 81$$

で、81個。

抜けがなければ(243が分母の)分数は243個ありますから、(1)の答えはここから81個を引いてあげればよいということになります。

$$243 - 81 = \mathbf{162}$$

ということで、(1)の答えは162個です。

次の(2)では90番目の分数を尋ねていますが、90番目まで分数をリストアップしていくのは大変ですから、グループ分けを使ってもうちょっと効率良く考えてみましょう。

さて、先ほど見つけたルールは、「分子が3の倍数のものが抜けている」ということでした。

分母が3の第1グループからは、3の倍数が1個抜けていますから、「3−1=2」で、2個の分数が含まれています。

同様に、分母が9の第2グループからは、3の倍数が「9÷3=3」で3個抜けていますから、「9−3=6」で全部で分数が6個含まれています。

分母が81のグループまで、それぞれのグループに含まれる分数の個数を書き出してみると次のようになります。

$$
\begin{aligned}
3-1&=2\\
9-3&=6\\
27-9&=18\\
81-27&=54
\end{aligned}
$$

2+6+18+54を普通に足し算してもよいのですが、せっかくですから何か計算の工夫ができないか考えてみましょう。実は、4つの式を一気に足し合わせると、左辺の「3」「9」「27」がきれいに消えていくことがわかります。

$$
\begin{array}{rrcl}
 & \cancel{3}-1 & = & 2\\
 & \cancel{9}-\cancel{3} & = & 6\\
 & \cancel{27}-\cancel{9} & = & 18\\
+) & 81-\cancel{27} & = & 54\\
\hline
 & 81-1 & = & 80
\end{array}
$$

このように「隣り合うものの差」を考えるというのは、算数や数学ではよく使うテクニックです。

たんに計算が速くなるというだけでなく、こうした性質を意識していると、より複雑な数学も理解しやすくなります。たとえば、高校の数学Bに登場する「階差数列」はまさに「隣り合うものの差」でできています。また、数学Ⅲの積分などでは「部分分数分解」という手法を使って数式を分解していくのですが、それも「隣り合うものの差」を使って簡単に計算を行えるようにするための工夫です。

CHECK

「隣り合うものの差」を考えると計算が楽になる

さて、4つの式を全部足し合わせてみると、「81−1=80」になりました。つまり、分母が3から81のグループの中には、全部で80個の分数が含まれているということです。

(2)が尋ねているのは90番目の分数ですから、残りの10個は書き出してしまうのが手っ取り早いでしょう。分母が81のグループの次は、分母が243のグループですね。分子が3の倍数の分数を抜くのを忘れずに。

$$\underset{㉛}{\frac{1}{243}}、\frac{2}{243}\quad\cdots\quad、\underset{(87)}{\frac{10}{243}}、\frac{11}{243}、\frac{13}{243}、\underset{(90)}{\frac{14}{243}}$$

よって、(2)の答えである90番目の分数は、$\mathbf{\frac{14}{243}}$だとわかりました。

ちょっと補足しておきますと、問題文のように「…」で数が続いていくことを表すのは曖昧さが残ります。ここでは「分子が3の倍数の分数は抜けている」ことがルールになっていることを発見しましたが、それはあくまで**出題者の意図に沿った範囲でパターンを見つけている**ということです。中学の数学までは厳密性よりもパターンの類推能力を重視する傾向があって、高校入試でも同様の問題が出ることはあります。

この例題が仮に記述問題だったとして、受験生が「分子が3の倍数の分数が抜けている規則性があるようだが、その規則性が絶対であることは保証できないため、この問題を解くことはできない」と解答してきたら、「なかなか見どころがある子だな」と私なら思うでしょうね。

算数・数学的な能力を身近な問題解決に活かす場合、物事の規則性を見つけて類推しようとするでしょうし、それで十分役に立つことがほとんどです。けれど、あいまいな記述から類推した規則性は間違っていることもありえると、大人ならば常に考慮しておくべきでしょう。

問題3. 鷗友学園女子中［逆を考える］

図は、正方形の折り紙を2回折ったものです。角㋐の大きさを求めなさい。

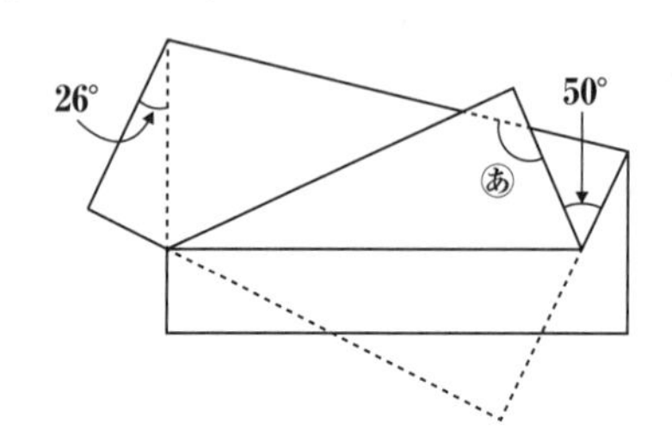

折り紙を1回折るというだけでも大変そうなのに、2回も折った図形の問題なんてとても難しそう……と思われるかもしれません。ところがこの問題は、着眼点を変えることで簡単に解けるようになっています。

㋐の右隣にある小さな三角形を見てください。実は、㋐はこの小さな三角形に含まれる1つの角の外角になっています。小さな三角形の1つの角は50°とわかっているわけですから、次の図の「•」を付けた角の大きささえわかれば、㋐の大きさも自動的にわかります。

では、「•」の大きさはどうすればわかるのでしょうか。

ここでは右端の線を延ばして、元の折り紙がどうなっていたのかを考えてみます。1回目に折り紙を折るときには、次の図の太い点線で折ったわけですから、太い点線を境に向き合う2つの角の大きさは同じです。

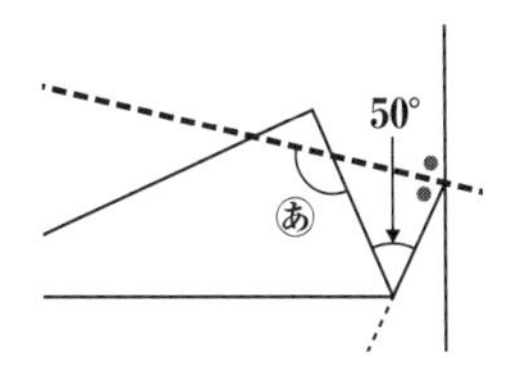

ということは、下図の「？」となっている角の大きさがわかれば、「•」の大きさも出せそうですね。

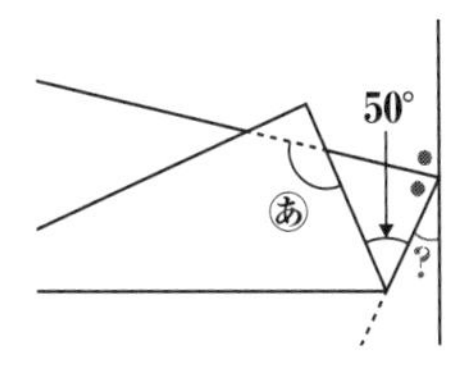

CHECK

対称性に気づく

ここで折り紙が正方形だということを思い出してください。つまり、下図の矢印を付けた2本の直線は平行になっています。平行線の「同位角」は等しいので「？」は26°です。

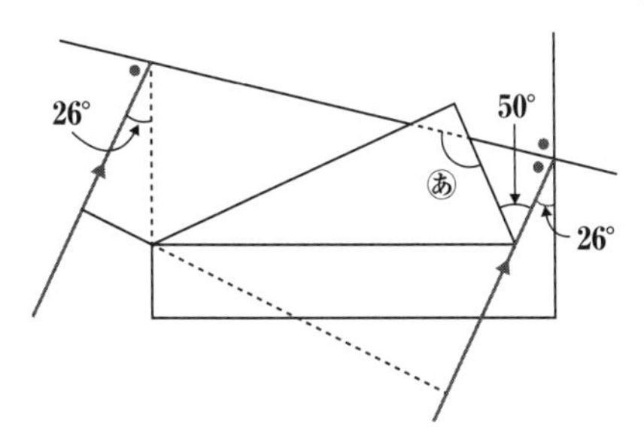

そうなれば、180°−26°＝154°で、「・」2つ分が154°、「・」は77°となります。

CHECK

平行線に注目する

先に述べたように、㋐はこの三角形の外角ですから、

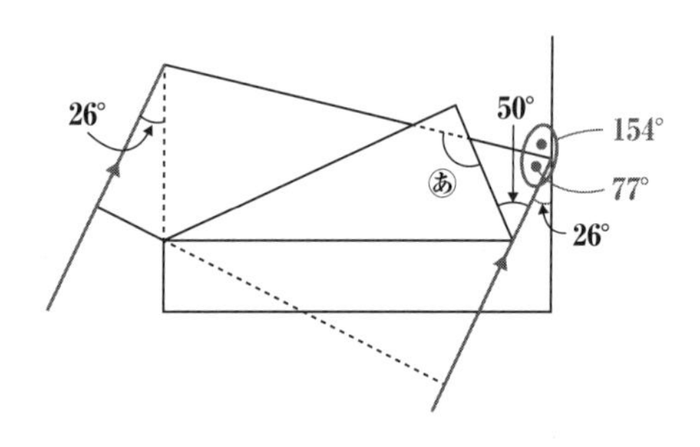

㋐＝50＋77＝**127°**

となります。

この問題は「とにかくわかるところの角度を入れていこう」という発想で始めると、大変な手間がかかります。でも、㋐を求めるにはどこの角度を求めればいいのだろう？と、いわば「**ゴールからスタートをたどる**」発想ができれば、意外とあっさり解けます。

問題4. 江戸川学園取手中 [情報の視覚化・差の利用・評価]

サッカー部の合宿で生徒をいくつかの部屋に1部屋4人ずつ入れると、各部屋ちょうど1人の空きもなく入りました。1部屋7人ずつにすると、使わない部屋が2部屋でき、最後の1部屋は4人未満となりました。

(1) 部屋は全部で何部屋ありますか。

(2) 生徒の人数は何人ですか。

この問題のちょっと厄介（やっかい）なところは、「最後の1部屋は4人未満になりました」というところでしょう。1人から3人のどれかがわからないのです。どうやって考えていけばよいでしょうか。こういう問題はまず視覚化してみます。図にして整理しましょう。

CHECK

情報を視覚化して整理する

下の図は、上は4人ずつ入れた場合で、下は7人ずつ入れた場合です。7人ずつの場合は、満室が棒線の左側、右側には1～3人が入っている部屋と、未使用の2部屋が描いてあります。

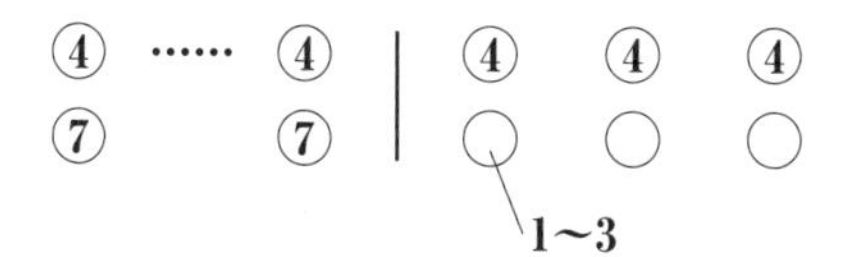

まず棒の左側を考えてみると、7人ずつの場合の方が1部屋につき3人多く入っています。また、右側については、4人ずつの場合は合計12人で、7人ずつの場合は1～3人です。

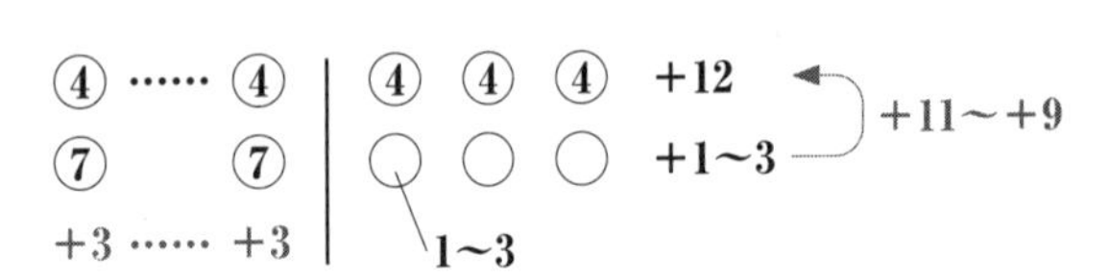

4人ずつでも7人ずつでも生徒の数は変わらないので棒線の左側の差を集めた「3人×左側の部屋数」と、棒線の右側の上と下の差、つまり「12人－(1～3)人」が同じでなければならないことがわかります。

右側の上と下の差は9人から11人の間になるわけですが、これが「3人×左側の部屋数」と同じでなければならない、つまり3の倍数だということから差は9人です。すると、「12－9」で、7人ずつ部屋に入った場合の端数は、3人だということがわかります。

「右側の上と下の差」が9人で、これは「3人×左側の部屋数」と同じ。ということで、左側の部屋数は3ということがわかりました。

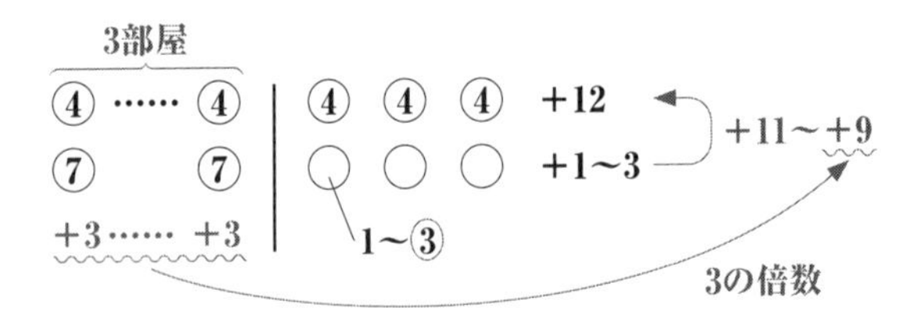

棒線の左側と右側の部屋を足して、⑴の答えは6部屋、⑵は24人となります。

(1)　3＋3＝**6部屋**

(2)　4×6＝**24人**

この問題の最大のポイントは、**評価**にあります。

中学受験の対策では「差集め算」を習うため、差の利用に注目するところまでは知っている生徒も多いと思いますが、この問題では7人ずつ入った場合に「4人未満」の部屋があるというひねった設定になっています。棒線の左側の差の合計が3の倍数だから右側の上と下の差も3の倍数であることに気づけるかどうか。数学では、条件等から**数の範囲を絞る**ことを「評価」といいますが、本問はまさに「評価」の能力を問う問題です。

方程式を知っている人なら部屋数をxとおいて方程式を立てれば解けると思われるかもしれませんが、評価ができないと数学のやり方でも難しく、やはりつまずいてしまうはずです。

問題5. 芝中［言い換え・逆を考える］

1辺が12cmの正方形ABCDにおいて、下の図のように、正方形の辺を3等分する点を点ア、イ、ウ、エ、オ、カ、キ、クとします。

また、正方形の2本の対角線が交わる点を点ケとします。

(1) 3点イ、エ、ケを結んでできる三角形の面積は［　　］cm^2です。

(2) 点ア、イ、ウ、エ、オ、カ、キ、クの8個の点をすべて通る円の面積は［　　］cm^2です。

ただし、円周率は3.14とします。

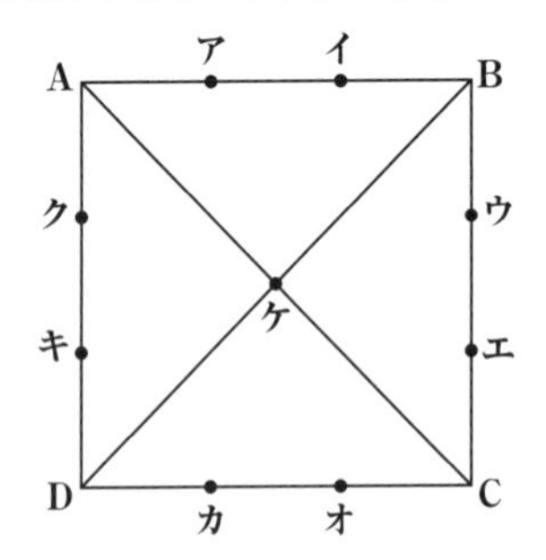

この問題の(2)は相当に手強いのですが、(1)がそのヒントになっています。まず問題文に書かれている内容を図に描き入れてみましょう。

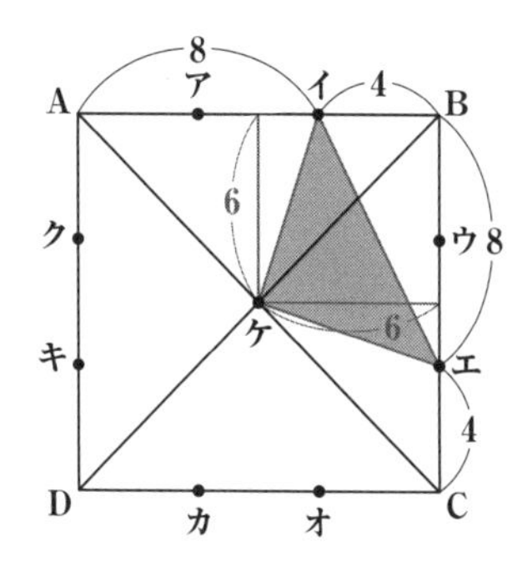

三角形イエケの面積は直接求められませんから、別の面積から「それ以外」を引いて求めていくことにしましょう。

CHECK

対象の面積が直接わからないなら、別の面積から「それ以外」を引いて求められないかを考える。

正方形の1辺は12cmだとわかっていますから、ア、イやウ、エは各辺を4cmずつに分けます。また点ケから各辺に下ろした垂線は、1辺の半分ですから6cmです。

ここまでわかれば、あとは三角形ABCの面積から、三角形エケCと三角形Bイエ、三角形ケイAの面積を引くだけです。

(1)は、

$$72-(12+16+24)=\mathbf{20cm^2}$$

となります。

次の(2)ですが、わざわざ(1)を先に解かせたということは、これを使えということなんですね。このことを頭に入れて、(2)の問題文の円を図に描き入れてみます。

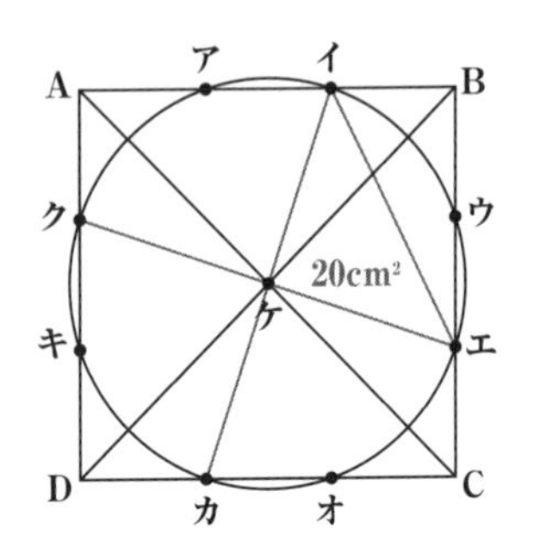

円の面積と聞けば、πr^2、半径×半径×3.14と思い出す人も多いでしょう。図でいえば半径であるイケの長さがわかれば面積が出せるんじゃないか……そう思われるかもしれませんが、イケの長さを求めるには$\sqrt{\ }$が出てきて厄介です。

けれど、ここで円の半径を求める必要はありません。発想を切り替えてみましょう。私たちにとっては**「半径×半径」がわかればよい**わけです。半径を求めなくてはいけないと思われがちな問題を「半径×半径」を求める問題に変換します。

CHECK

何がわかれば十分かを考える

ここで(1)の答えが生きてきます。すでに私たちは三角形イエケの面積が20 cm^{2}だと知っています。

三角形イエケは、直角三角形ですから、

$$イケ \times ケエ \times \frac{1}{2} = 20\text{cm}^2$$

イケとケエは円の半径ですから、

$$半径 \times 半径 \times \frac{1}{2} = 20\text{cm}^2$$

つまり、

$$半径 \times 半径 = 40\text{cm}^2$$

ということです。

したがって(2)の答えは、

$$\begin{aligned} 半径 \times 半径 \times 3.14 &= 40 \times 3.14 \\ &= \mathbf{125.6cm^2} \end{aligned}$$

となります。

大人は円の面積の公式πr^2にこだわりすぎてついつい半径を求めようとしてしまうのですが、ここではrを求める必要がないということ。そして、三角形イエケが直角二等辺三角形だと気づくことがポイントになってきます。

問題6. 同志社中［情報の視覚化］

Aさん、Bさん、Cさん、Dさん、Eさんの5人がプレゼント交換をしました。それぞれが次のように言っています。

Aさん「5人とも自分のプレゼントは受け取らなかったよ。」

Dさん「私の受け取ったものはCのプレゼントではなかったよ。」

Eさん「私の受け取ったものもCのプレゼントではなかったよ。」

Cさん「私はAかDのプレゼントを受け取ったよ。」

Bさん「私はDかEのプレゼントを受け取ったよ。」

Aさん「5人とも自分がプレゼントをわたした相手から受け取ることはなかったよ。」

(1) Cさんのプレゼントを受け取ったのはだれですか。

(2) Dさんはだれのプレゼントを受け取りましたか。

クイズのような論理問題です。

A、B、C、D、Eがいろいろとヒントを出していますが、文章のままだとわかりづらいですね。こういう問題を解く鍵は、**いかに情報を視覚化するか、わかりやすくまとめられるか**にかかっています。

プレゼント交換は、わたした人と受け取った人の1対1で行っていますから、ここは表にするのがよさそうです。

CHECK

文章を図や表で整理する

わたした人を横方向、受け取った人を縦方向に並べると、次のような表ができ上がります。

Aさんによれば、「5人とも自分のプレゼントは受け取らなかった」ということなので、「A→A」「B→B」「C→C」「D→D」「E→E」の組み合わせはすべて「×」にしておきましょう。

受け取った＼わたした	A	B	C	D	E
A	×				
B		×			
C			×		
D				×	
E					×

そして、問題文に出ているヒントを片っ端から表に書き入れていきます。

Dさんと Eさんの2人とも、「Cのプレゼントではなかった」ということですから、「C→D」、「C→E」も「×」です。

Cさんは「AかDのプレゼントを受け取った」ということですから、「A→C」と「D→C」は「△」にして保留とします。CさんがBさんやEさんのプレゼントを受け取った可能性はないので「B→C」「E→C」は「×」にしておきます。

同様に、Bさんは「DかEのプレゼントを受け取った」ということですから、「D→B」と「E→B」は「△」、「A→B」「C→B」は「×」となります。

受け取った＼わたした	A	B	C	D	E
A	×				
B	×	×	×	△	△
C	△	×	×	△	×
D			×	×	
E			×		×

ここまで表に書き入れると、CさんがプレゼントをわたしたのはAさんだということがわかりますから、(1)の答えは「**Aさん**」です。Aさんがプレゼントを受け取った相手はCさんに確定したので「B→A」「D→A」「E→A」は「×」にしておきます。

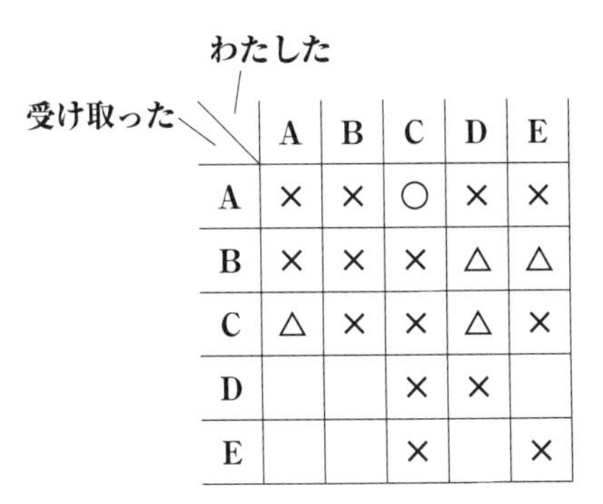

受け取った＼わたした	A	B	C	D	E
A	×	×	○	×	×
B	×	×	×	△	△
C	△	×	×	△	×
D			×	×	
E			×		×

さて、Aさんは「5人とも自分がプレゼントをわたした相手から受け取ることはなかった」といっています。これはどう考えればいいでしょうか。

次の図のように表を斜めに横断する線を書き入れると、わかりやすくなります。この線に関して「○」の対称の位置にあるところは、「×」にならざるをえないということです。

受け取った＼わたした	A	B	C	D	E
A	×	×	○	×	×
B	×	×	×	△	△
C	△	×	×	△	×
D			×	×	
E			×		×

Aさんは Cさんからプレゼントを受け取っていますから、Cさんは Aさんから受け取っていません。ということで「A→C」は「×」が確定し、「D→C」が「○」に確定となります。そうなれば(Dさんがわたした相手が決まったので)、「D→B」は「×」に確定し、「E→B」が「○」に確定し、斜めの線に関して対称な「B→E」は「×」です。

プレゼントは1人1個しか受け取れないのですから、「E→D」「D→E」も「×」。

そうやって表を埋めていけば、(2)の答え、Dさんが受け取ったのは**Bさん**のプレゼントだということがわかります。

受け取った＼わたした	A	B	C	D	E
A	×	×	○	×	×
B	×	×	×	×	○
C	×	×	×	○	×
D	×	○	×	×	×
E	○	×	×	×	×

問題7. 浦和明の星女子中(改題)[言い換え・解析と俯瞰]

1辺1cmの小さな立方体をいくつか組み合わせて、直方体を作ります。これについて、次の問いに答えなさい。

(1) (図1)のような3辺の長さが2cm、2cm、3cmの直方体を作り、3つの頂点A、B、Cを通る平面で切断します。このとき、切断される小さな立方体は何個ですか。

(図1)

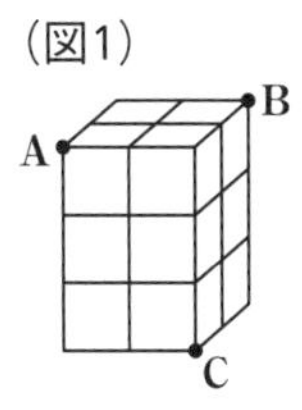

(2) (図2)のような3辺の長さが4cm、4cm、6cmの直方体を作り、3つの頂点D、E、Fを通る平面で切断します。このとき、切断される小さな立方体は何個ですか。

(図2)

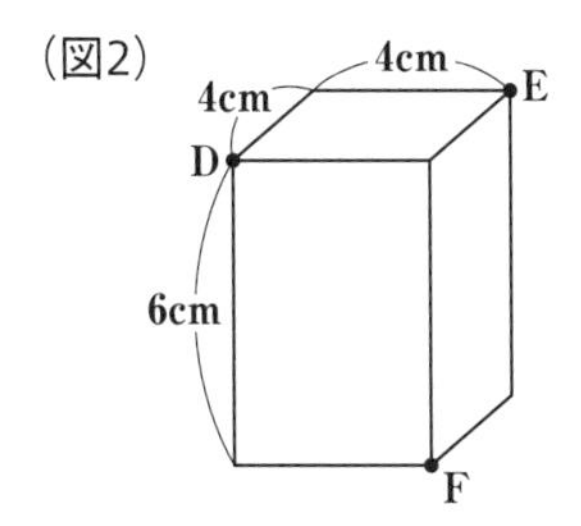

切断面がどうなっているのかを問うている問題ですが、立体を見取り図のまま考えていると、どうしても混乱して

しまいます。立体を扱う際のポイントは、できるだけ平面図形を使って考えるということです。

CHECK

立体図形は、平面図形に直して考える

図1に切断面ABCを書き入れると、次の図のようになります。

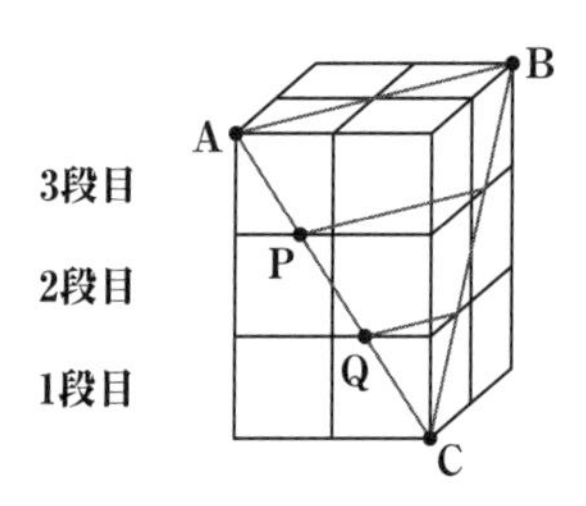

これをそのまま扱うのは厄介なので、真上から見た平面で考えましょう。上の図のように下から1段目、2段目、3段目とします。また直線ACと各段の境界との交点をP、Qとします。

次頁の図は各段を切り離し、上から見たものです。それぞれ平面ABCによって、実線から点線まで切断されます。2段目の図に3段目のAと1段目のCの位置を(　)付きで示しました。(A)〜(C)間を3等分するので(A)、P、Q、(C)は等間隔に並ぶことに注目してください。

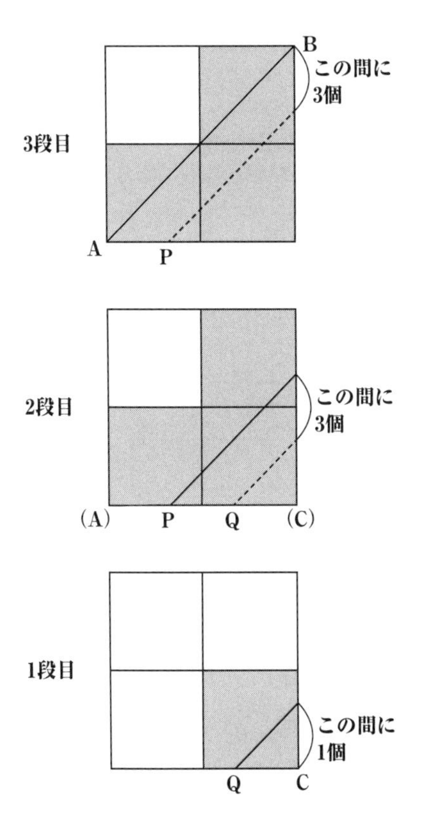

各段のグレーの四角は、それが平面ABCによって切られる立方体であることを示しています。上から3個、3個、1個なので、(1)の答えは**7個**になります。

(2)では直方体のサイズが大きくなっていますが、考え方は(1)と同じです。真上から見た平面図を今度は1枚にまとめて描いてみましょう。高さが6cmということで、今度は6段かけて一番下にたどり着くわけですから、切れ込みは正方形の1辺を6等分することになります。

こうやって図を描き、隣り合った線で挟まれた領域にいくつの図形があるかを数え上げていけばよいのです。この挟まれた領域にある図形が、切断される立体の数を示します。

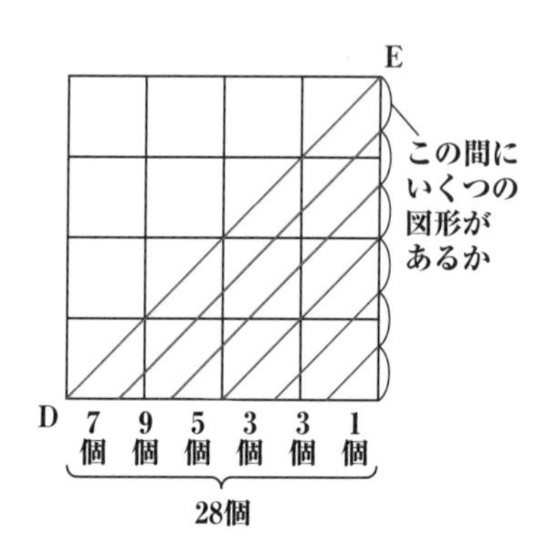

それぞれの領域にある図形の数を足し合わせると、(2)の答えは**28個**となります。

ここでのポイントは、立体図形の問題を平面図形として捉え直すこと、そして真上から見たときに、正方形の1辺を6等分していることに気づくということでしょう。

ただし、この解き方は、正確に6等分することができないとちょっと厳しいかもしれません。試験によっては定規が使えないこともありますからね。

そこで、別解も紹介しておくことにしましょう。(1)では対象に近づいて、**解析的に詳しく調べました**が、今度は反対に距離を取って、**俯瞰してみる**のです。

(2)の直方体にどのように切断面が入っているのかを示

したのが次の図です。内部の切断面は点線になっています。

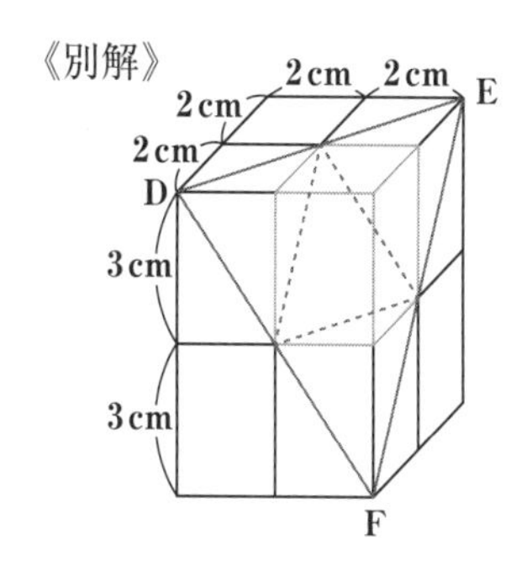

よく見てみると、これは(1)の問題にあった立体図形の切り口が4個集まったものです。上の段の右、一番手前にある直方体は切断面ABCを書き入れた図1の直方体をそのままひっくり返したものになっています。(1)の切り口が4つあるから、(2)の答えは、7×4＝**28個**となります。

直方体の1つがひっくり返っていますから、(1)の切り口を集めたものだと気づきづらいかもしれません。「もしかしたら(1)は(2)のヒントになっているんじゃないか……？」と思った人ならたどり着ける解法ということですね。

いずれにせよ、立体図形の問題を解くポイントは、見方を変えるということ。立体図形を見取り図のまま考えるのではなく、平面図形に変換する。あるいは、別解のように俯瞰してみる。

CHECK

距離を取って俯瞰してみる

そもそも立体図形をきちんと観察したことがない人は、紙に描かれた図形から本物を想像することができません。

立体図形を見かけたら、手に取ってどんな構造になっているのか、じっくり観察してみる。実際に手を動かして厚紙で展開図をつくってみる。豆腐を斜めに切ってみる。

普段からそういう意識を持ち、立体図形に親しめば、見方の転換も行いやすくなるはずです。

問題8. 昭和学院秀英中［評価］

図Ⅰのように1辺が1cmの立方体を真上から見て十字になるように積み上げて立体を作ります。真正面から見た図を①、真横から見た図を②とするとき、次の問いに答えなさい。

(1) 図Ⅱのとき、この立体の体積と表面積を求めなさい。

(2) 図Ⅲのとき、立方体の個数は何個以上何個以下であると考えられますか。

（図Ⅰ）真上から見た図

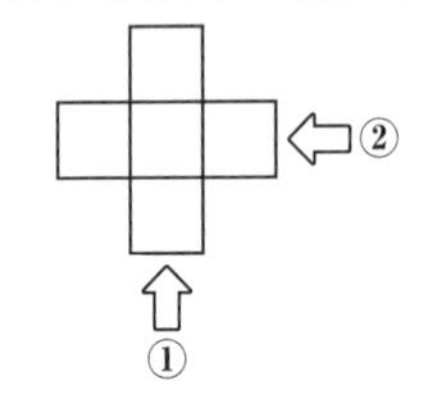

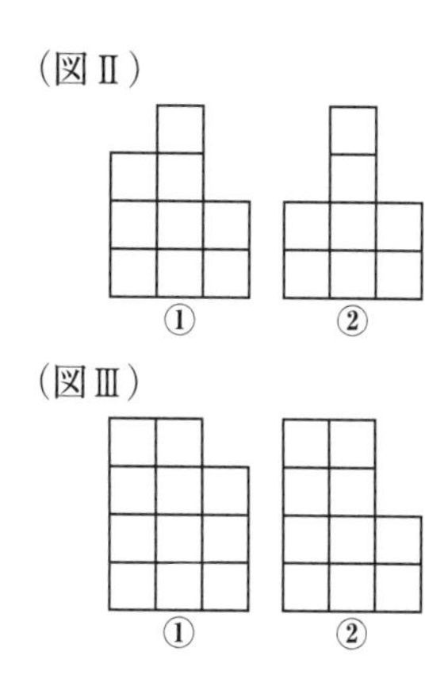

前問に続いて立体図形の問題ですが、今度は投影図になっています。見取り図と違い、正確な図ではありますが、その分どんな状況になっているか直感的に把握しづらくなっています。

(1)については、まず図Ⅱで示されている立方体の個数についての情報を図Ⅰに書き込んでみましょう。図Ⅱでは真正面から見たとき、左から3、4、2。真横から見たとき、左から2、4、2になっています。

(図Ⅰ)真上から見た図

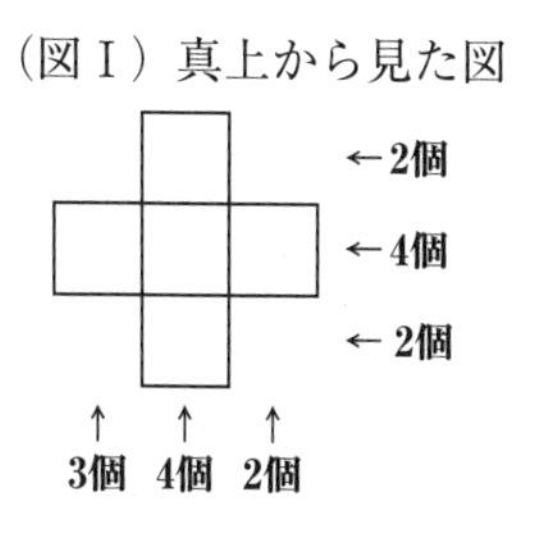

すると、立方体がどのように積まれているのかが決まります。

（図Ｉ）真上から見た図

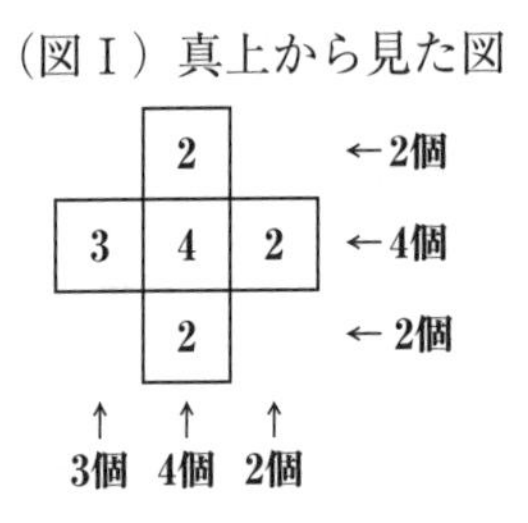

この立方体は1辺が1cmですから、体積は1cm^3。個数がそのまま体積になります。

というわけで、⑴の答え は、

$$体積=2+2+2+3+4=\mathbf{13cm^3}$$

となります。

表面積については、どこかが凹んでいる形状の場合は注意しなければなりませんが、⑴ではその心配はありません。真上、真正面、真横から見た正方形の個数を足し合わせ、2倍すれば表面積が出ます。

$$表面積=(5+9+8)\times2=\mathbf{44cm^2}$$

立体をペンキの入った缶の中に沈めたとき、ペンキの付く正方形の面を数えると考えてもよいでしょう。

真ん中が一番高かった(1)に対して、(2)では真ん中が凹んでいる可能性が出てきます。真ん中の立方体の個数を「評価」していきましょう。

先ほどと同様、真正面と真横から見える正方形の個数を真上から見た図に書き込んでみます。

（図Ｉ）真上から見た図

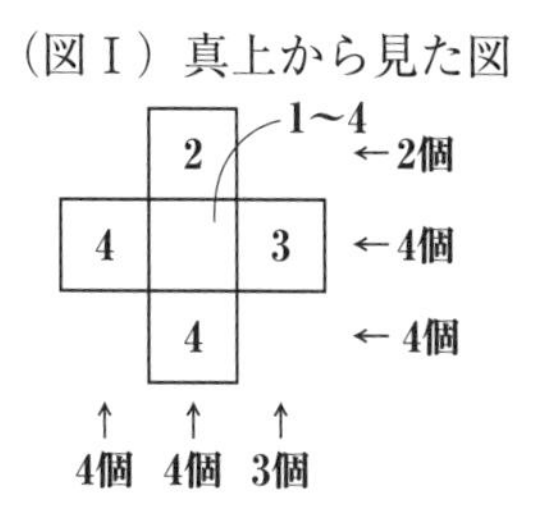

CHECK

状況を整理して評価する

厄介なのが真ん中です。問題文に「十字になるように積み上げて」とあるので真ん中が0個ということはありませんが、1個から4個までいずれの可能性もあります。

というわけで、立方体の個数は、真ん中が1個のときが最小になり、4個のときに最大となります。

最小：2＋3＋4＋4＋1＝14個

最大：2＋3＋4＋4＋4＝17個

つまり、(2)の答えは**14個以上17個以下**です。

COLUMN 2

算数と数学の区別はいつから？

本書は、中学入試の算数を使って、数学の力＝問題解決力を磨こうという趣旨の本ですが、日本の教育の中で「算数」と「数学」の線引きはどうやって生まれたのでしょうか?

「算数」も「数学」も中国から輸入された言葉なので、中国におけるこれらの言葉の歴史から紐解いてみたいと思います。

中国の「算数」と「数学」

紀元前2～3世紀頃のものと思われる中国最古の数学書の書名は『**算数書**』です。その内容は、整数・分数の四則演算から、比例計算、体積計算、単位換算、等比数列など多岐にわたります。

そもそも「算」という漢字は「筭」の異体字です。中国では伝統的に竹製の器具を使って計算していたことから、竹を弄ぶという意味でつくられた会意文字の「筭」が、計算術を意味するようになりました。その後、中国では、今日の我々がいう所の数理科学を**「算（筭）」**と呼ぶようになります。

一方「数学」は当初、学問というより占術のようなものを指す言葉でした。古代の人々は洋の東西を問わず、数そのものに神秘的なものを感じていたのでしょう。

学問的な意味で「数学」という言葉が使われた最古の記録は、1345年に完成した『**宋史**』（10世紀～13世紀に栄えた宋王朝の歴史をまとめた公式の歴史書）の中に見つかります。

しかし、どういうわけか17世紀頃になると「数学」はふたたび、迷信や占術の類いのものを指す用語として使われるようになりました。

19世紀中頃のアヘン戦争、アロー戦争（第2次アヘン戦争）で立て続けに敗北した中国では、西洋の科学技術を学ぼうとする「洋務運動」が起こります。そうした中、西洋の数学書が多く中国語に翻訳され、「mathematics」の訳語として「数学」が使われるようになりました。

19世紀より前に、中国で「数学」が学問的な意味で使われた時代はごく短期間です。実際、中国の歴史上の数学書のタイトルは「○○算術」「○○算経」「○○算法」などとなっていて、「数学」がタイトルに入っているものはほとんどありません。

日本の「算数」と「数学」

6～7世紀の飛鳥時代に中国数学が伝来したとき、日本ではすでに漢字を使っていたので、中国と同じように**「算」**が数理科学を意味するようになりました。

701年に中国の律令制を元に制定された大宝律令には、**算博士・算師**と呼ばれる官職があったことはわかっているのですが、その後中世〜江戸時代以前までの日本で、数学がどのように発展したか、どんな用語が登場したかはほとんど記録がありません。どうやら「算」は一家相伝の秘術のように伝えられていたようです。

江戸時代になると、中国からの「算」の書（数学書）が輸入されるようになり、中国と同じ用語がそのまま使われました。

なお、江戸時代の初期には**吉田光由**の『**塵劫記**（じんこうき）』が出版されてベストセラーになり、その中に収められていた継子（ままこ）立て・ねずみ算といったクイズのような問題が、数学遊戯として流行しました。さらに江戸時代の中期には”算聖”**関孝和**が出て、いわゆる**「和算」**が大きく発展しました。

幕末以前の日本の歴史に「数学」という用語は一切登場しません。幕末の数学者内田五観（いつみ）が1822年に開いた数学塾の看板にも「瑪得瑪第加（マテマチカ）」という当て字が使われました。

日本で初めて「数学」という用語が登場するのは、大政奉還の5年前、1862年に刊行された初の本格的な英和辞典『**英和対訳袖珍（しゅうちん）辞書**』です。その後、西欧の語学と科学を研究するために幕府によって設置された洋書調所（ようしょしらべしょ）（前身は蕃書調所（ばんしょしらべしょ））内に**「数学科」**が設置されています。

明治維新のあと、東京大学が設立された1877年（明治10年）には、現在の日本数学会と日本物理学会の前身である**東京数学会社**が設立されました。同会社では、1880年から西欧の数学用語についての正式な訳語を定める「訳語会」がほぼ毎月開かれており、1882年（明治15年）の第14回訳語会において「mathematics」の訳語は**「数学」**

に正式決定しました。
「第14回」と聞くと、重要な語であるのになぜそんなに後回しだったのかと思ってしまいますが、当時の記録を見ると、第2回の訳語会で既に「mathematics」は議題にのぼっています。議論が紛糾し決定には至らなかったことから、結局第14回まで持ち越されてしまったようです。当時も「mathematics」をどう訳すべきかについては、いろいろと意見があったのでしょう。
ちなみに「mathematics」の訳語が「数学」に決定したことを受けて、第15回の訳語会では「arithmetic」は「算術」と訳すことが決まっています。

日本の算数・数学教育の歴史

江戸時代末期までに広く行われていた数学教育は、もっぱら商人になるための職業訓練であり、**そろばんに習熟すること**が第一の目標でした。商人の子弟らはそろばんを修めるために熱心に寺子屋に通ったといいます。
これに対し、関孝和らが高いレベルに押し上げた「和算」は、趣味・娯楽に近いもので、勉強するものというよりは、嗜むものという性格が強かったようです。「和算」で得られた知見を何かの役に立てたり、何かに応用したりするという概念はまだなかったからでしょう。したがって町人が教育の文脈の中で「和算」を学ぶことはありませんでした。
明治になって、鎖国が終わると、アメリカ・イギリス・ドイツといった諸外国の算術教育が一気に入ってきて、計算はそろばんではなく筆算で行うことが推奨されるようになります。

1872年（明治5年）には日本初の近代的学校制度を定めた**「学制」**が発令され、小学校の設置と洋算の採用が決まりました。これを受けて翌1873年（明治6年）には文部省編纂の初等向け教科書として**『小学算術書』**が出版されています。

学制によって、小学校と大学校の間の教育機関である「中学校」も設置されました。この「中学校」の教科の中に**「数学」**が登場しています。

この頃、尾関正求の**『数学三千題』**がベストセラーになりました。当時210校の小学校に対して中学校は1校しか割り当てられていなかったので、中学に入るのは簡単ではなかったようです。『数学三千題』はそんな中学入試用の受験問題集でした。内容を見てみると、簡単な足し算から、累乗の計算、数列の和に至るまで幅広く収められています。現代なら「数学」の範疇に入る内容の問題を中学入学前の小学生が解く羽目になっていたのは、この時代はまだ「算術（数）」と「数学」の線引きが曖昧だったからでしょう。

明治20年代になると、日本人として初めて数学の論文を書き続けた数学者として知られる**藤沢利喜太郎**が数学教育の中心的存在になります。

藤沢は、代数、幾何、三角法などの「数学」は筋の通った理論に基づくものであるとする一方で、「算術」は社会生活に必要な知識を与えるものであり、理論は必要ないと考えて、両者をはっきり区別しました。

藤沢は「算術」の内容に整数・小数・分数の計算、単位の換算、歩合算、角度や速度の知識などを盛り込みましたが、中でも比例を重要視している点が目立ちます。当時、比例は小学生にはわかりづらいからカリキュラムから外したほうがいいのではないか、という意見がありましたが、藤沢はこれに断固反対しています。藤沢は、比例は「社会生活に必要な知識」として欠かせないと考えていたようです。この辺の事情は現代とまったく変わりません。

藤沢の思想は、1900年（明治33年）に出された小学校令施行規則の条文（第4条）**「算術ハ日常ノ計算ニ習熟セシメ生活上必須ナル知識ヲ与ヘ兼テ思考ヲ精確ナラシムルヲ以テ要旨トス」**にも色濃く反映されました。現代の教育における「算数」と「数学」の線引きも藤沢のこの思想によるところが大きいと思われます。

生活上必須の知識を学ぶのが「算術（数）」、論理的思考力や説明能力を磨き、根拠に基づいて行動を決定したり、他者との建設的なコミュニケーションを可能にしたりする力を育成するのが「数学」だというわけです。

1905年（明治38年）には、初めての国定算術教科書である『**尋常小学算術書**』が刊行されます。この教科書は表紙が黒かったことから、俗に「黒表紙」と呼ばれました。

黒表紙（教科書）に対しては、計算偏重で児童心理を考慮していない、空間概念（方向、位置、形など）を軽視している等の批判が徐々に高まり、1935年（昭和10年）には大きく改訂された新しい国定教科書の『**尋常小学算術**』が生まれます。こちらは表紙が緑色であったことから「緑表紙」と呼ばれます。

「数理を把握して喜びを感じられる人材を育成する」という高い理想の元に編纂された緑表紙（教科書）は、初等教育においては画期的な内容であったため、世界的にも高い評価を受けました。

1941年（昭和16年）に国民学校が発足すると、『尋常小学算術』は1、2年生用の『**カズノホン**』と3～6年生用の『**初等科算数**』に名称が変わります。**「算数」**が教科の名前として採用されたのはこのときが初めてです。

実は「緑表紙」が刊行されたときから、計算の技術（算術）以外に、空間概念、関数、グラフ、および数量に関する知識などもふんだんに盛り込まれているのに、全部をひっくるめて「算術」と呼ぶのはいかがなものか？「看板に偽りあり」ではないか？　という批判がありました。そこで国民学校が発足するタイミングを良い機会としてより広い意味が感じられる「算数」に変わったのです。

mathematicsの語源

最後に、英語の**“mathematics”**の語源も簡単に触れておきます。mathematicsという言葉をつくったのは、古代ギリシャの**ピタゴラス**です。ピタゴラスは「学ぶ」を意味する「マンタノー」から、「学ぶべきもの」という意味で**「マテーマタ」**という用語を創り、その内容を定めました。この「マテーマタ」がmathematicsの語源です。

第 2 章

問題を解くための道筋はこうつける

第1章で「問題解決のための10の発想」には慣れていただけたでしょうか。この章ではさらに難易度を上げた応用問題に挑戦していただきます。どの問題も一筋縄ではいきませんが、丁寧に解きほぐし、「10の発想」を積み上げれば解ける良問ばかりです。何より、ヒラメキで解いているわけではなく、必然的に道筋をつけている点に注目してください。

問題1. 浦和実業学園中［思考実験・法則の発見］

下の表のように、数が規則的にかかれています。たとえば、2段4列は10で、3段2列は空らんです。これについて、次の問いに答えなさい。

	1列	2列	3列	4列	5列	6列	7列	8列	…
1段	1	2	3		11	12	13		
2段		4		10		14			
3段	5		9		15				
4段	6	8		16					
5段	7		17						
6段		18							
7段	19		⋰						
8段	20	22							
9段	21								
⋮									

(1) 8段8列はいくつですか。空らんの場合は「空らん」と答えなさい。
(2) 12段14列はいくつですか。空らんの場合は「空らん」と答えなさい。
(3) 200は何段何列ですか。

ちょっと変わった数列の問題です。8列8段の数字を問う(1)だけなら、頑張って数を書き連ねていけば答えは出せそうですが、(2)や(3)をそんなふうに解こうとすると時間が足りなくなってしまいます。どんな法則で数が並んでいるのかをしっかり考えて解きましょう。

このような問題を解く際のポイントは、**数字の「個性」に敏感になる**ということ。数が苦手だと感じる人は、どの数も同じで無個性に見えていることが多いようです。一方、数を扱うのが得意な人は、それぞれの数の個性を肌感覚として持っているように思います。

では、数の個性とは何でしょうか。

偶数、**奇数**はよく出てきますね。**素数**もそうですし、**三角数**も有名です。三角数というのは、正三角形の形に点を並べたときの点の総数のこと。1、3、6、10……という具合に続いていきます。

中学入試では、**平方数**や**立方数**もよく出てきます。平方数というのは同じ自然数(正の整数)を2つ掛け合わせた数で1、4(2^2)、9(3^2)、16(4^2)、25(5^2)……と続くものです。立方数は同じ自然数を3つ掛け合わせた数で、1、8(2^3)、27(3^3)、64(4^3)、125(5^3)……と続きます。

今回の問題に出てくる表を見てみると、列・段の**対角線上に1、4、9、16……と平方数が並んでいる**ことに気づきます。中学入試レベルでは、厳密な証明は要求されないので、ここはシンプルに、対角線上に数を書き連ねていけば、⑴の8段8列は8×8で**64**とわかります。

	1列	2列	3列	4列	5列	6列	7列	8列	…
1段	①	2	3		11	12	13		
2段		④		10		14			
3段	5		⑨		15				
4段	6	8		⑯					
5段	7		17		㉕				
6段		18				㊱			
7段	19		⋰				㊾		
8段	20	22						○ 64	
9段	21								
⋮									

なぜ対角線上に平方数が並ぶのか、ちょっと補足しておきましょう。平方数の有名な性質として、奇数を順に足し合わせていくと平方数になる、というものがあります。

$$1+3=4$$
$$1+3+5=9$$
$$1+3+5+7=16$$

今回の数列の場合、マス目をたどっていくと1段1列「1」→1段2列「2」→1段3列「3」→2段2列「4」→3段1列「5」と進んでいくわけですが、折り返すとき、間に1つ数が挟まって、さらにその横の列や下の段に進んでいることがわかります。この間に1つ挟まる数の存在によって対角線上に奇数の和、すなわち平方数が並ぶのです。

CHECK

特徴的な数が並んでいないか観察する

ただし、平方数に気づいただけではダメで、もう1つ気づかないといけないポイントがあります。それはどういうときに、数の並びが右上に向かって上がっているか、左下に向かって下がっているかということです。これがわかっていないと、ある数の次の数が右上にあるのか、左下にあるのかがわかりません。

たとえば、「3」から「5」に向かうときは左下に向かって下がっていますし、「7」から「11」に向かうときは右上に向かって上がっていきます。

どういう性質があるかを観察してみると、対角線上にある平方数が偶数の2乗になっているときは左下へ下がっていて、奇数の2乗になっているときは上がっています。

奇数の平方数のライン ↗
偶数の平方数のライン ↙

⑵では、12段14列がいくつかを聞かれていますから、近くには13段13列の169があります。169は奇数である13の2乗ですから、右上に向かって数が並んでいくはずです。

ということで、12段14列は**170**だとわかりました。

平方数に気づいたとしても、数の並びがどちらの方向に向かって並んでいるかがわからないと、延々と数を書き連ねる羽目になって、制限時間以内には解答できないようになっているわけですね。

次の⑶は、200が何段何列かを聞いているので、200に近い平方数を考えてみましょう。すると、

$$14\times14=196$$
$$15\times15=225$$

なので、196と225の間にあることがわかります。しかも14段14列の196から200まではあと4つですから、200は196と同じライン上にあるはずです。196は偶数の2乗ですから、数の並びは左下へと向かっています。14段14列から左下に向かって200まで数を書き連ねていけば⑶の答えを出すことはできますが、せっかくなのでもう少しスマートに解いてみましょう。

表をもう一度よく見て、1段3列「3」→2段2列「4」→

3段1列「5」、あるいは1段7列「13」→2段6列「14」→3段5列「15」……など、同じ斜めのラインに注目します。すると、同じラインの数は、**段と列を表す数の和が一定(同じ)**であることがわかります。

⑶で問われている200は、14段14列の196と同じラインに乗っているわけですから、このライン上にある段と列を表す数の和は「28」。そこで200は、14段から4つ下がった**18段10列**にあるとわかるわけです。

算数が得意な受験生でも、この問題のように数が並んでいるケースはあまり見たことがないはずです。ところどころに空欄があって、一見すると変な並び方をしています。

こういう問題は、まず手がかりになる特徴的な数がないかをよく観察すること。そして、実際に手を動かして、数がどう並んでいるのかを**実験してみることも重要**です。手を動かしてみると、数の並びが右上に向かうとき、左下に向かうときのパターンも見えてきます。

ただし、漫然と手を動かしているだけでは、時間ばかりかかってしまいますから、**法則を見つけようと意識すること**が重要です。

CHECK

手を動かして、法則を探す

問題2. 早稲田佐賀中［対称性の利用］

面積が$100m^2$の正方形の土地のまわりに、(1)〜(3)のようにくいを等間隔に打ち、くいとくいの間にロープを張りました。それぞれの図について、かげをつけた四角形の面積(m^2)を求めなさい。ただし、くいやロープの太さは考えないものとします。

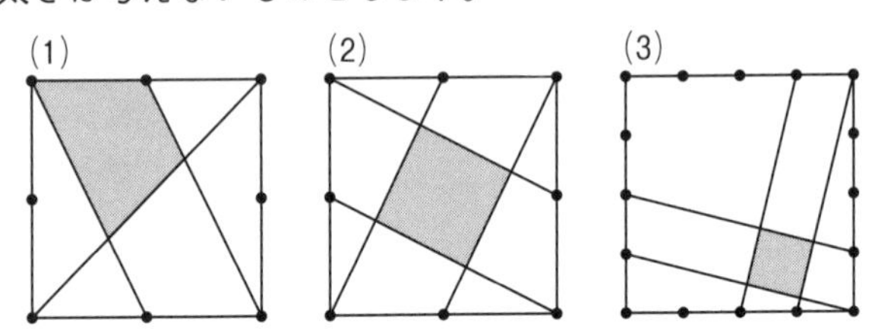

この問題のポイントは、いかに**対称性**をうまく利用するか、ということに尽きます。

CHECK

対称になっているところを見つける

(1)は案外簡単で、次の図の斜線を入れた部分の面積が同じだということを使います。

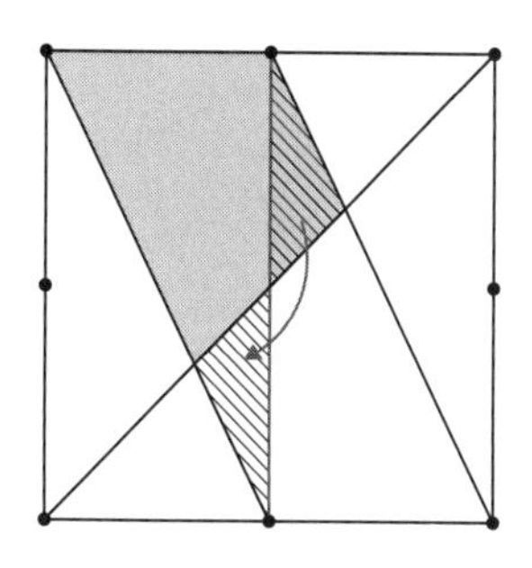

小さな三角形をくるっとひっくり返して矢印の先に移動してでき上がる直角三角形は正方形の$\frac{1}{4}$になっていますから、⑴の答えは、

$$100\times\frac{1}{4}=\mathbf{25m^2}$$

です。

⑵は⑴よりもだいぶ複雑で、問題図のままだとどこが対称になっているか、わかりづらいですね。こういうときは、俯瞰して大きく考えてみましょう。外側にも同じ正方形が続いていると考えるのです。

CHECK

対称性が見つかるように、俯瞰する

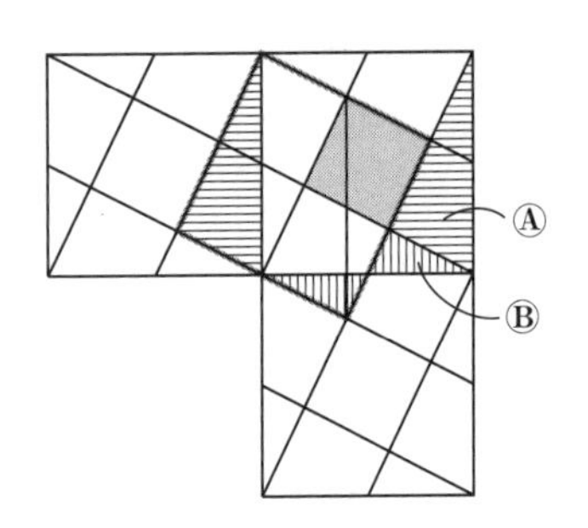

横線が入っている大きな三角形Ⓐと、縦線が入っている小さな三角形Ⓑを移動させると、斜めに傾いた正方形ができ上がります。

この新しくできた斜めの正方形アイウエは、元の正方形からⒶ1つとⒷ1つを移植してつくったものですが、次に示す太線で囲まれた三角形は使っていません。この三角形は、Ⓐの三角形と合同です。

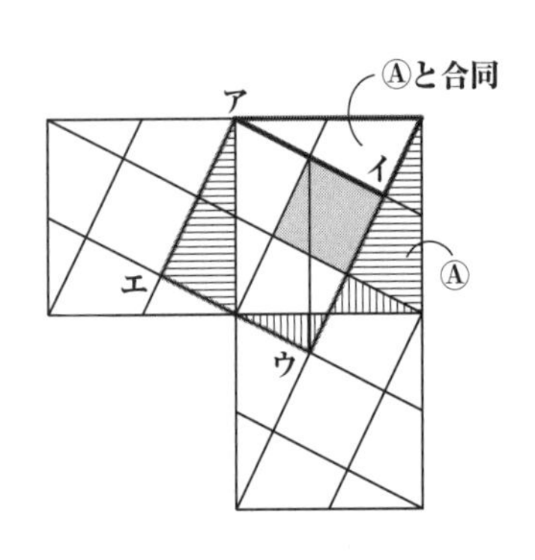

ということは、

元の正方形（面積100m²）
＝新しくできた斜めの正方形＋Ⓐ
だとわかります。
新しくできた斜めの正方形アイウエはⒶの三角形4つ分ですが、元の正方形（面積100m²）はⒶの三角形5つ分になっています。
ということで、⑵で求めたい小さな正方形の面積は、

$$100\times\frac{4}{5}\times\frac{1}{4}=\mathbf{20m^2}$$

となります。
⑶も⑵の延長の考え方で解いていくわけですが、途中に引っかけがあるため、注意が必要です。
問題図の正方形の外に、次の図のように描き足すことで、元の正方形と同じ面積の図形を描けました。

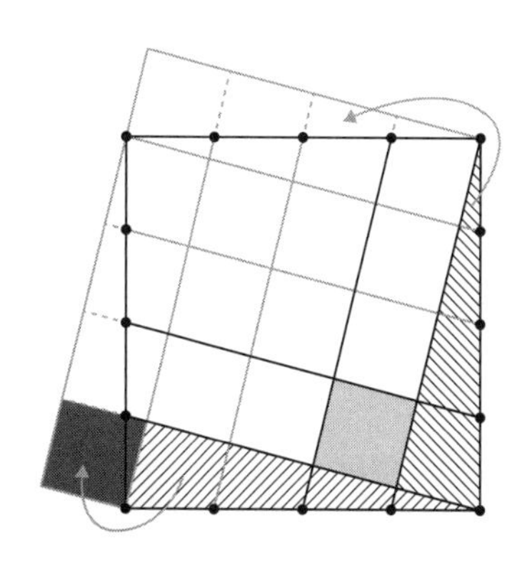

ここで受験生も読者の大部分も、「(3)で求める小さな正方形は、大きな正方形の$\frac{1}{16}$だ！」と勘違いしてしまったのではないかと思います。

けれど、一番左下にある小さな正方形を忘れないでください。元の正方形と同じ面積の新しい図形には、小さな正方形が17個含まれているのです。

そういうわけで、小さな正方形の面積は元の正方形の$\frac{1}{17}$、すなわち、

$$100 \times \frac{1}{17} = \frac{100}{17} = 5\frac{15}{17}\text{m}^2$$

となります。

問題3. 栄東中［周期性の利用］

整数Aを4でわったあまりを【A】で表します。たとえば【7】＝3、【20】＝0となります。このとき、次の問いに答えなさい。

(1)　【1】＋【2】＋【3】＋…＋【2007】を求めなさい。

(2)　【1】＋【2】＋【3】＋…＋【A】＝2007となる整数Aを求めなさい。

文中に特殊な記号が出てきて、それが表している意味をその場で理解しなければいけない問題です。

(1)では、【1】から【2007】まで足し合わせなさいといっているわけですが、まともに1つひとつ足し合わせていたら膨大な時間がかかってしまいます。

そういうときには、何らかの**周期性**があるのだろうと勘を働かせてみましょう。

CHECK

手間のかかる計算問題が出てきたら、周期性がないか考える

周期性を見つけるために、手を動かして、最初の方の数を書き出してみます。

【1】　【2】　【3】　【4】　の和…6
【5】　【6】　【7】　【8】　の和…6
⋮

【1】、【2】、【3】はそれぞれ1、2、3、そして【4】は4の倍数なのであまりは0。足し合わせると6になります。次のグループも、和は6です。

ここから4ずつの周期性があることが見えてきました。

もっと数を進めて、2007に近い、4の倍数を考えてみると2004が浮かびます。

4の倍数

【1】　【2】　【3】　【4】　の和…6

【5】　【6】　【7】　【8】　の和…6

⋮

【2004】の和…6

2004まで、何回ほど周期を繰り返したのか考えてみると、

$$2004 \div 4 = 501$$

で、501回。つまり、【1】から【2004】までの和は、

$$6 \times 501$$

です。あとは、【2005】(＝1)、【2006】(＝2)、【2007】(＝3)を足して、

$$6 \times 501 + 6 = \mathbf{3012}$$

が(1)の答えになります。

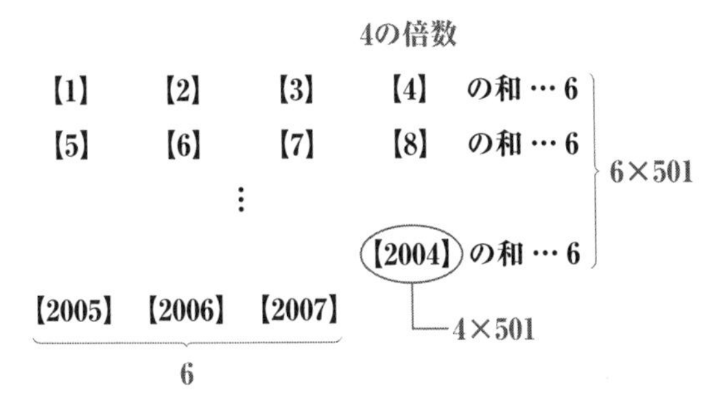

⑵でも、周期性を活用します。⑴でわかったように、4つずつのグループに分けた数の和は6でしたから、2007の中にいくつグループが入っているかを考えます。

$$2007 \div 6 = 334 \text{ あまり } 3$$

ですから、334グループあることがわかります。

334番目の4の倍数は、

$$4 \times 334 = 1336$$

【1337】のあまりが1、【1338】のあまりが2ですから、ここまで足し合わせれば2007となります。

よって、⑵の答えは**1338**です。

ちなみに、「ある整数で割ったときに、あまりが同じになる数のグループ」を「**合同**」といい、高校の数学Aの教科書には「発展」として載っています。

3を4で割ったあまりと、7を4で割ったあまりが同じということを、

$$3 \equiv 7 \pmod 4$$

と記述します。この合同式を考案したのが、有名な数学者のカール・フリードリヒ・ガウス(1777〜1855)です。

ガウスが熱心に取り組んでいた分野の1つに、**整数論**(数論ともいいます)があります。整数がどんな性質を持っているのかを研究する整数論は、「数学の女王」ともいわれる、最高レベルに難易度の高い分野です。証明まで350年かかった「フェルマーの最終定理」や、「リーマン予想」なども整数論に含まれます。リーマン予想では、素数(正の約数が1と自分自身のみである、2以上の自然数)がどのようなパターンで出現するのかを予想しているのですが、まだ誰も証明できていません。

無限に続く整数というのは、一見簡単そうに見えて非常に捉えづらい概念です。そこでガウスは、合同式を使って整数をグループ分けして性質を調べようとしたわけです。

この問題は、実は整数論への入口になっているんですね。

問題4. 桐朋中 ［解析と俯瞰・逆を考える］

下の図のような台形ABCDがあります。Pは辺CD上の点です。

(1) CPの長さが4cmのとき、三角形ABPの面積は何cm^2ですか。

(2) 次のとき、CPの長さはそれぞれ何cmですか。

① 三角形ADPの面積と三角形BCPの面積の比（ひ）が3：2のとき

② 三角形ABPの面積が30cm^2のとき

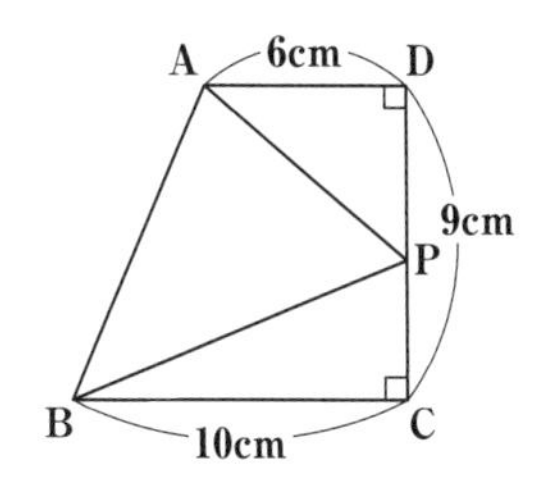

(1)は、ものすごく簡単です。

CPが4cmですから、PDは5cm。台形ABCDから、△ADPと△BCPの面積を引くだけですね。

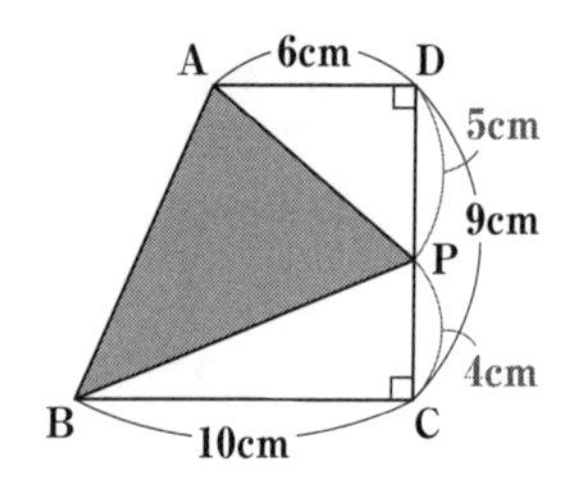

ということで、(1)の答えは、

$$(6+10)\times9\times\frac{1}{2}-(15+20)=\mathbf{37cm^2}$$

です。

(2)の①では比が出てきますが、これもそれほど難しくはありません。

△ADPと△BCPの面積比が3：2ということなので、図に△3、△2と書き込んでおきましょう。また、DPとCPの長さの比を ア ： イ で表しておきます。このように比を記号で表しておくのは、実際の長さと混同しないようにするためです。

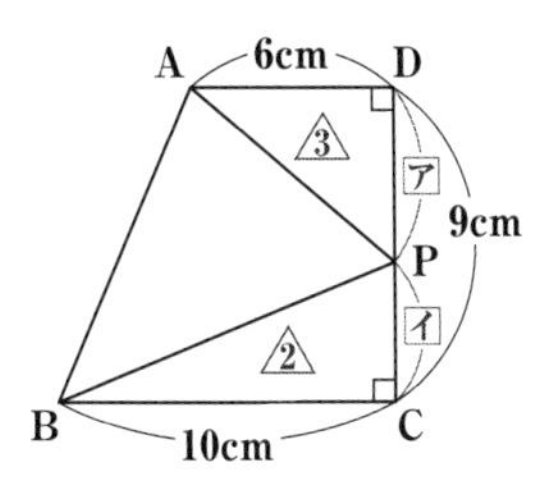

ここまでできたら、△ADPと△BCPの面積比を式に書いて、[ア]：[イ]を求めましょう。

$$6\times\boxed{ア}\times\frac{1}{2}:10\times\boxed{イ}\times\frac{1}{2}=3:2$$

$$\Rightarrow\quad 3\times\boxed{ア}:5\times\boxed{イ}=3:2$$

（比の計算では、内側と外側を掛けると等しくなるので）

$$\Rightarrow\quad 6\times\boxed{ア}=15\times\boxed{イ}$$

$$\Rightarrow\quad \frac{\boxed{ア}}{\boxed{イ}}=\frac{15}{6}=\frac{5}{2}$$

$$\therefore\ \boxed{ア}:\boxed{イ}=5:2$$

[ア]：[イ]は、5：2だとわかりました。CPは、9cmを5：2に分けたうち2のほうですね。ですから、(2)の①の答えは、

$$CP=9\times\frac{2}{5+2}=\mathbf{\frac{18}{7}}\,\mathrm{cm}$$

となります。

(2)の①はそれほど難しくありませんが、実際の長さと比を混同しないようにすること、そして比の計算をきちんとできるかどうかが重要になってきます。

さて、(2)の②になると、いきなり難易度が上がります。Pがどこにあるのかわからない状態で、どうやってCPを求めればよいのか。

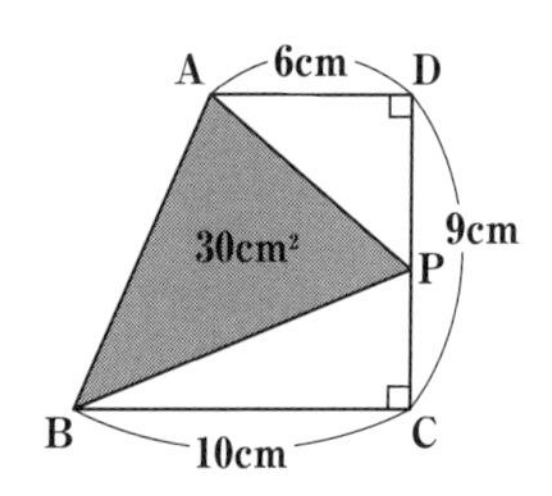

こうした図形問題では、上手に補助線を引くことが解くための鍵になってきます。ところが、苦手な人は、闇雲に補助線を引いて問題用紙を真っ黒にしてしまいがちです。適当に頂点を結んでみたりするのだけれど、それでは結局わけがわからなくなってしまいます。

そもそもなぜ補助線を引くのでしょうか。

それは、**情報を増やすため**です。問題図のままでは情報が不足しているから、有効な情報を増やすために補助線を引くのです。

そういう戦略的な補助線を引くには、与えられた図形を**虫の目と鳥の目(解析と俯瞰)**の両方で見る必要があります。

戦略的な補助線の代表例は、**垂線**と**平行線**の2つです。

すでに描かれている直線に対して垂直な線か、すでに描かれている直線と平行な線を最初に考えてください。

細かくいえば、この2つ以外にも補助線の引き方はありますが、そうした補助線が必要な図形問題は極めて難易度が高いため、中学入試では解けなくてもほとんど差はつきません。

CHECK

補助線として、垂線や平行線を引けないか検討する

そう考えて図を見てみると、頂点Aから辺BCに垂線を下ろせそうです。この垂線の足(BCとの交点)をEとしましょう。さらに具合のいいことに、この垂線AEは辺CDと平行になっています。

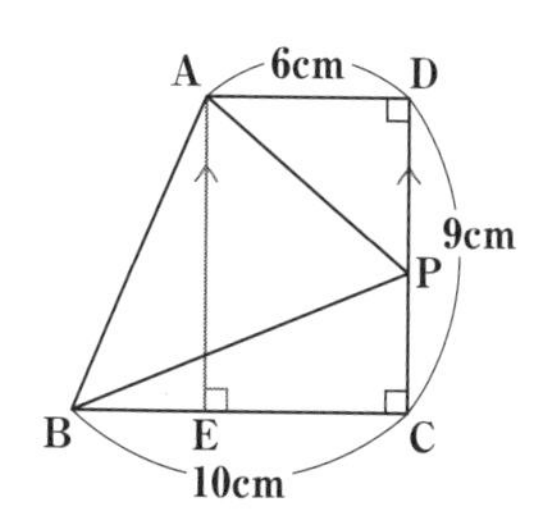

このように引いた補助線で何が見えてくるかというと、次の図に示したように、Eと、P、Aで三角形ができることです。

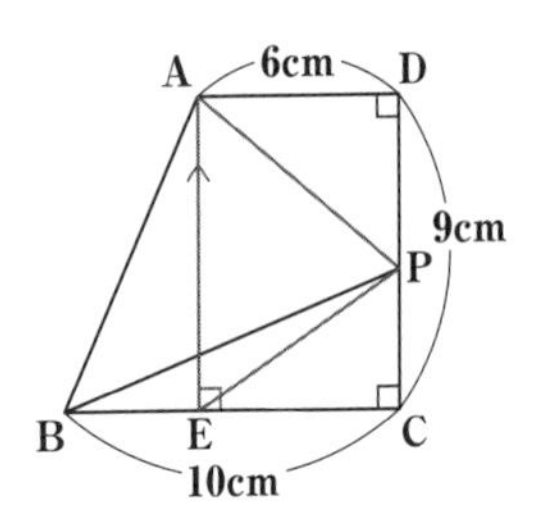

この△AEPの面積はPの位置によらず一定で、

$$9\times6\times\frac{1}{2}=27\text{cm}^2$$

になります。

ということは、次の図に示した△ADPと△ECPの合計も27cm²だとわかります。

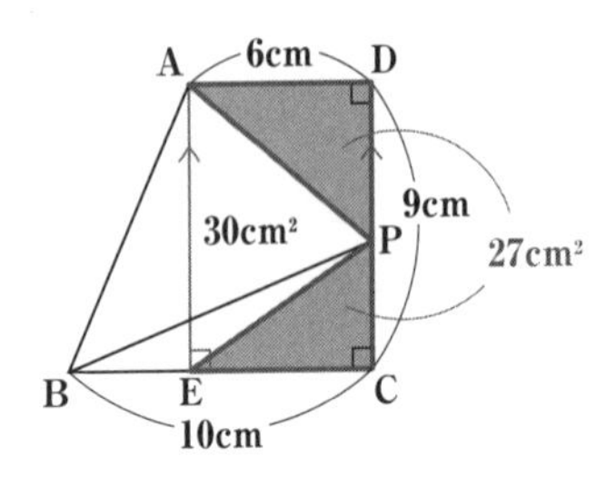

次に台形ABCDについて考えてみます。台形ABCDの面積は、

$$(6+10)\times 9\times \frac{1}{2}=72\text{cm}^2$$

ですね。

これは、△ADPと△BCPと△ABPを足し合わせた面積と同じです。

台形ABCD(72cm^2)
=△ADP+△BCP+△ABP(30cm^2)

つまり、

$$\triangle ADP+\triangle BCP=42\text{cm}^2$$

ということです。

先に示したように、△ADPと△EPCの合計は27cm^2だとわかっています。

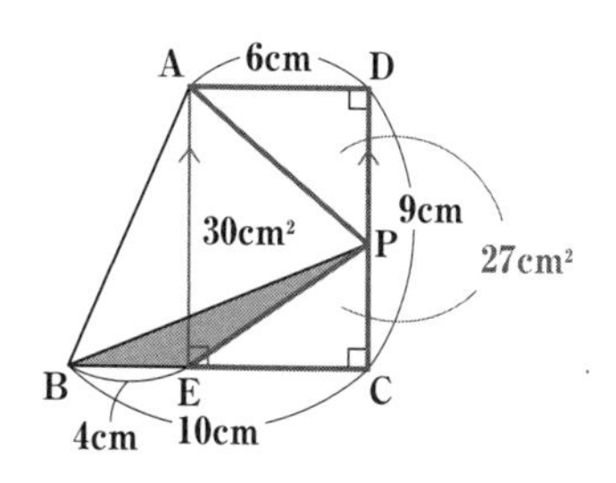

ということは、△BPEの面積は、$42-27=15\text{cm}^2$になり

ます。

よって、⑵の②の答えであるCPの長さは、

$$\triangle BPE = 4 \times CP \times \frac{1}{2} = 15$$

$$\Rightarrow CP = \frac{15}{2}\text{cm}$$

となります。

⑵の②は非常に難しい問題です。攻略の流れとしては、

・「問題のままだと情報が少ないから、補助線を引いた方がよさそうだ」
・「垂線か平行線の補助線を引くとしたらAから引くしかなさそうだ」
・「引いてみたら長方形ができた」
・「平行ができたことを利用できないか」

そんなふうに、試行錯誤して進めていくことになるでしょう。

問題5. 渋谷教育学園渋谷中［言い換え・比の利用・差の利用］

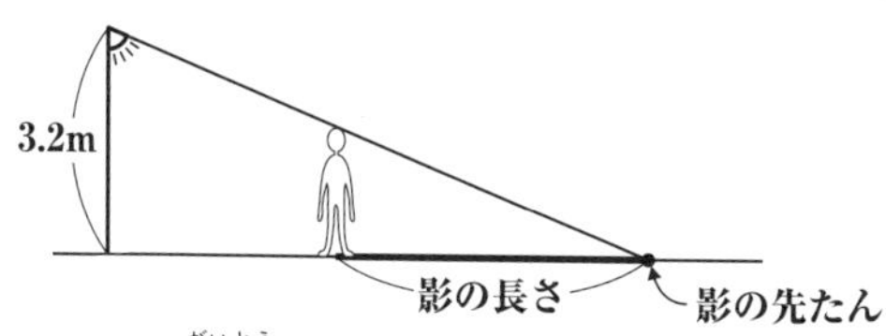

高さ3.2mの街灯（がいとう）があり、あかりがついています。影の長さは上の図の太線の部分です。身長160cmの兄と身長120cmの弟が街灯のま下から、どちらも秒速1mの速さで同じ方向に歩いていきます。弟が出発してから3秒後に兄が出発しました。街灯でうつされた2人の影について、次の問いに答えなさい。

(1) 兄が出発して4秒後の兄の影の長さは、何mですか。

(2) 弟の影の長さが3mになるのは、弟が出発してから何秒後ですか。

(3) 兄の影の先たんが、弟の影の先たんに追いつくのは、兄が出発してから何秒後ですか。

渋谷教育学園渋谷中の入試では、ユニークな問題がよく出題されます。問題では人型が描かれていて、視覚化はある程度なされているのですが、もっとわかりやすくするために自分でも図を描いてみるのがよいでしょう。

次の図は、(1)の状況を表したものです。

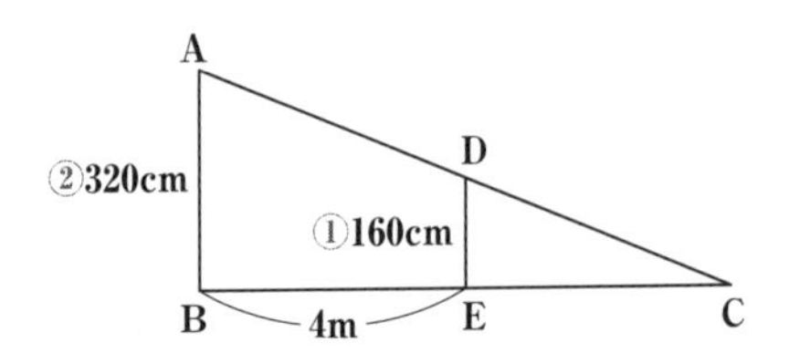

図にすると、兄の身長DEが街灯ABの半分であることもよくわかりますね。また、秒速1mで4秒歩いた後ということは、BEの距離は4mです。

DE：ABは、1：2。△ABCと△DECは相似なので、CE：CBも1：2。これらから影の長さCEは、**4m**だとわかります。これが(1)の答えです。(1)に関しては、サービス問題という位置づけになっていますね。

次の(2)も同じように図を描いてみましょう。街灯の高さABと弟の身長FGの比は、320：120＝8：3ですから、次のようになります。

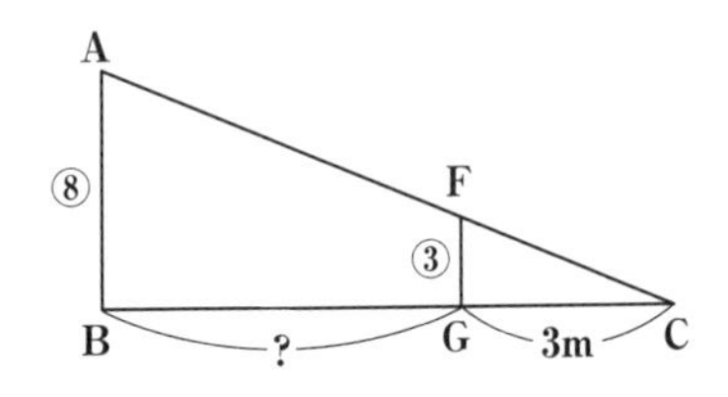

「？」の長さがわかれば、何秒後なのかもわかることになります。

ABとFGの比が8：3なのですから、BC：GCも8：3。

ということは、「？」の長さは5m。秒速1mで移動しているのですから、(2)の答えは**5秒後**とわかります。

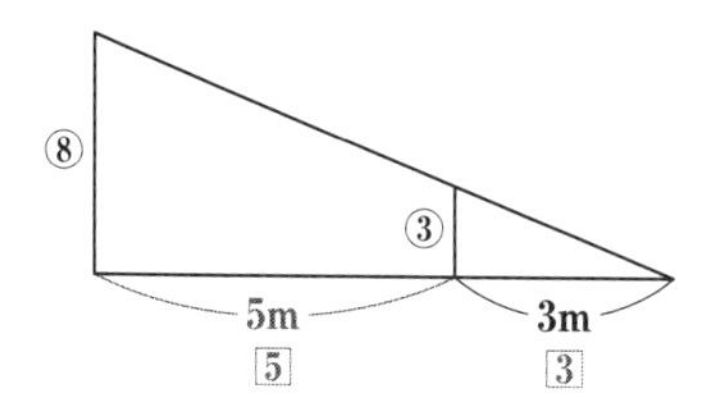

この問題のポイントは、まず図を描いてみることです。それによって、相似の三角形になっていることに気づけます。相似になっていると気づくことができれば、**比を使って解いていく**ことができます。

問題には最初から図が描いてあるのですが、この図があるせいで影の先端から街灯の光を見上げたときの仰角(∠BCA)が一定だと勘違いしてしまった受験生がいたかもしれません。

CHECK

相似の図形を見つけて、比を利用する

最後の(3)は、いよいよ難しくなってきます。問題文に含まれている情報を確実に図に書き入れていきましょう。街灯と兄の身長、弟の身長の比は、8：4：3でしたね。

聞かれているのは、兄と弟の影の先端が一致するのは、兄が歩きはじめてから、何秒後かということですから、兄が街灯から何m離れているかがわかればよいことになります。

ここでのポイントとなるのは、「**差を考える**」ということです。

CHECK

差を考える

まだ兄が出発して何秒後なのかはわかりませんが、兄も弟も秒速1mで歩いているわけですから、**2人の差は縮まりません**。ずっと差が一定だということに気づく必要があります。秒速1mで兄は弟まで3秒の差があるわけですから、**距離の差は3m**です。

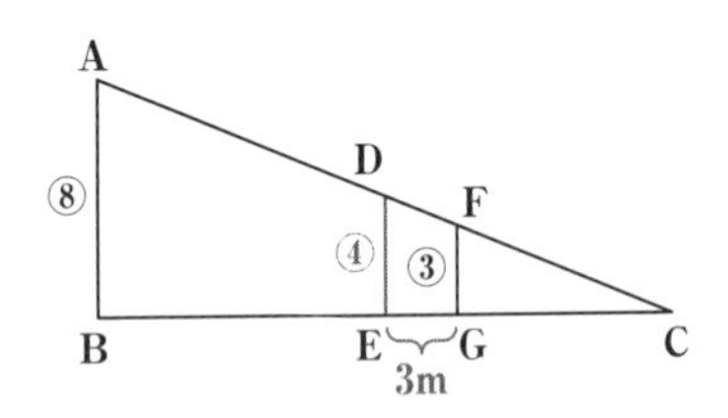

この図にさらに、影の先端から弟、兄、街灯の根本までの長さの比を書き込みましょう。街灯ABと兄の身長DE、弟の身長FGの比は、8：4：3ですから、次の図のようになります。△ABC、△DCE、△FCGは相似の三角形のため、CG、GE、EBの長さの比は、3：1：4になります。

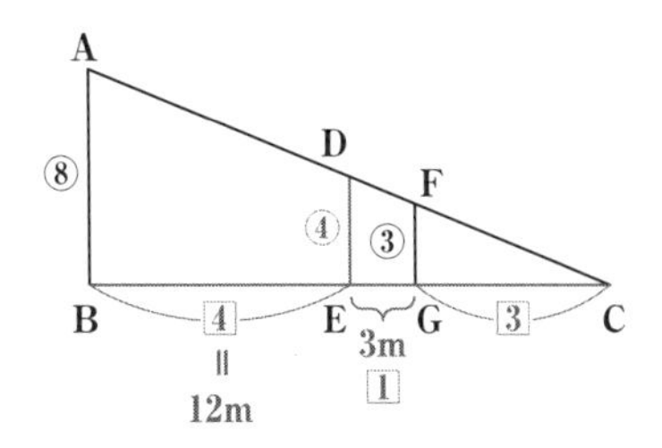

GEの比1が3mなのですから、EBの比4はその4倍で12m。秒速1mで動いているため**12秒後**だとわかります。

この問題には速さ、距離、時間が登場しますが、いわゆる「速さの3公式」(距離÷時間＝速さ、など)を駆使する必要はありません。適切な図を描くことができれば、**比の問題に変換**できるのです。

問題6. 聖光学院中［言い換え・比の利用］

A地点とB地点を結ぶ「動く歩道」があります。お父さんと聖(たかし)君はA地点を同時に出発し、「動く歩道」を利用してB地点まで歩いたところ、お父さんは175歩で歩き、聖君はお父さんより12秒おくれて着きました。お父さんが、A地点からB地点まで「動く歩道」を利用しないで歩くと280歩で着きます。なお、お父さんと聖君は2人

とも歩く速さは一定で、歩はばはそれぞれ60cm、36cmです。また、お父さんが3歩進む間に聖君は４歩進みます。

このとき、次の問いに答えなさい。ただし、(2)、(3)の比(ひ)はもっとも簡単(かんたん)な整数比で答えるものとします。

(1) A地点からB地点までのきょりは何mですか。

(2) 「動く歩道」を利用しないでお父さんが歩く速さと、「動く歩道」の進む速さの比を求めなさい。

(3) 「動く歩道」を利用しないとき、お父さんが歩く速さと聖君が歩く速さの比を求めなさい。

(4) 「動く歩道」の進む速さは毎分何mですか。

なかなか面白い設定の問題ですが、問題文が長いので注意してしっかり状況を把握しましょう。

まず(1)に関しては、ほとんど問題文中に答えが書いてあるようなものです。「お父さんが動く歩道を利用しないで歩くと280歩」、「お父さんの歩幅は60cm」と書かれていますから、(1)の答えは、

$$60\text{cm}\times280=16800\text{cm}=\mathbf{168m}$$

だとわかります。

(2)は、「動く歩道を利用しないでお父さんが歩く速さ」と「動く歩道の進む速さ」の比を求めます。

まず、動く歩道の上でお父さんがどれだけ歩いたのかと

いうと、歩幅60cmで175歩ですから、

$$60\text{cm}\times175=10500\text{cm}=105\text{m}$$

です。先ほどの⑴でA地点とB地点の距離は168mということでした。本当は168m歩かないといけないのに、お父さんは105m歩くだけで済んでいます。この差の分だけ、動く歩道がお父さんを運んでくれているわけですから、

$$168-105=63\text{m}$$

で、63mが動く歩道がお父さんを運んだ距離になります。105mと63mは**どちらも同じ時間で進んだ距離**を示していますから、比を取れば**そのまま速さの比になります**。

お父さん：動く歩道＝105：63
＝**5：3**

お父さんの歩く速さに動く歩道の速さが加わって……と考え始めると厄介なのですが、単にお父さんが動く歩道の上でどれだけ歩いたかを考えるのがポイントです。

⑶では、お父さんと聖君の速さの比を求めます。これは問題文中にしっかり情報が書かれています。お父さんが歩幅60cmで3歩進む間に、聖君は歩幅36cmで4歩進むわけですから、

お父さん：聖(君)＝60×3：36×4
＝180：144
＝**5：4**

となります。

最後の(4)では動く歩道の進む速さを求めます。実際の速さを求めるためには、距離のほかに時間の情報も必要になってきますが、問題文の中で時間に言及しているのは「動く歩道を利用したとき、聖君はお父さんより12秒おくれて着きました」の1か所しかありません。これは重要な手がかりになりそうですね。

CHECK

速さを求めるときは、距離や時間の情報がないか探す

(2)と(3)を解いたことで、お父さんと聖君それぞれの歩く速さと、動く歩道の速さの比はわかっています。

お父さんの歩く速さ：動く歩道：聖君の歩く速さ
＝5：3：4

ですね。

先ほど手がかりになるといった「12秒」の差は、動く歩道を使ったときのものですから、動く歩道を使ったときにお父さんと聖くんの速さの比がどうなるかを考えると、

お父さん＋動く歩道：聖(君)＋動く歩道＝8：7

となります。お父さんが動く歩道上を歩いていた時間を□秒として、これを図にしてみましょう。お父さんや聖君が実際に歩く速さはわかりませんが、比はわかっているので○で囲んで速さを表します。

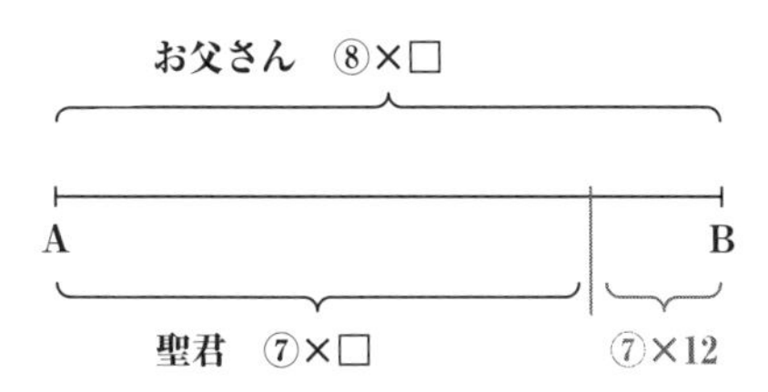

この図が表しているのは、お父さんはA地点～B地点まで速さ⑧で□秒間歩いた、聖君は速さ⑦で□秒間歩き、その後、速さ⑦で12秒間歩いた、ということです。

ここまで図を描くことができれば、□を求めるのは難しくありません。

⑧×□と⑦×□の差が⑦×12に等しいのですから、

(⑧－⑦)×□＝⑦×12
⇒　①×□＝⑦×12
＝㉔
⇒　□＝84秒

で、お父さんが動く歩道上を歩いていた時間は、84秒となります。

これがわかれば、お父さん＋動く歩道の秒速も計算できます。動く歩道の長さ(A地点からB地点までの距離)は168mでしたから、

$$(\text{父}+\text{動く歩道})\text{の秒速}=\frac{168}{84}=2\text{m/秒}$$

お父さんの歩く速さと動く歩道の速さの比は、(2)で5：3とわかっていますから、

$$\text{動く歩道の秒速}=2\times\frac{3}{8}=\frac{3}{4}\text{m/秒}$$

(4)で聞かれているのは分速ですから、

$$\frac{3}{4}\times60=\mathbf{45m/分}$$

とわかりました。

この問題でポイントとなるのは、速さを**比のまま扱う**というところ。実際の速さはわからなくても、距離や時間のどちらか一方が同じであれば、比のまま速さを計算することができます。

CHECK

実際の速さがわからなくても、時間や距離が同じなら、比を使って計算を進められる

とはいっても、(1)〜(3)の問題なしでいきなり(4)だけが出題されたら、相当な難問であるのは確かでしょう。

問題7. 六甲中(現・六甲学院中)[情報の視覚化・周期性の利用]

部屋の温度を1℃下げるのに、2分15秒かかるクーラーがあります。このクーラーは設定(せってい)温度より1℃低くなると停止し、1℃高くなると再(ふたた)び動きはじめます。クーラーが停止しているとき、部屋の温度は1分で1℃上がります。いま、部屋の温度が30℃のときに設定温度を26℃にしてクーラーをつけました。このクーラーをつけて1時間の間に、クーラーが停止していた時間は何分間ですか。

この問題もまさに情報の視覚化が重要になってきます。さっそく図を描いていきましょう。

CHECK

情報を視覚化する

「2分15秒」のままだと計算しにくいので「$\frac{9}{4}$分」と表すことにします。1℃下げるのに$\frac{9}{4}$分ですから、4℃下げるのに9分かかるということになりますね。ちょっとしたことですが、こうやって事前に工夫しておくと、図を描きやすくなります。

30℃から26℃まで9分かけて下がり、そこからさらに$\frac{9}{4}$分後、つまり最初からなら$\frac{45}{4}$分後にクーラーが停止します。

その後、1分かけて1℃ずつ上がっていき、次に動きはじめるのは27℃になったとき。これは25℃になったときから2分$\left(\frac{8}{4}分\right)$後、最初からなら$\frac{53}{4}$分後です。

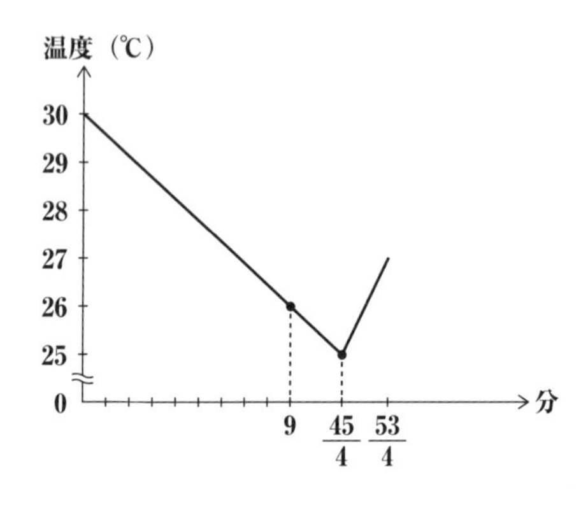

27℃になったらまたクーラーが動き、室温が下がり始め、やはり25℃になったら停止します。$\frac{53}{4}$分後から$\frac{9}{4}\times2$分後、最初からなら$\frac{71}{4}$分後です。

あとはこれと同じことの繰り返しです。25℃まで下がったら2分$\left(\frac{8}{4}分\right)$かけて27℃まで上がり、$\frac{18}{4}$分かけて25℃まで下がります。

25℃から27℃に上がって動き始め、また25℃まで下がる。このサイクル1つには、$\frac{26}{4}$分かかります。

1時間$\left(\frac{240}{4}分\right)$から最初に25℃に下がるまでの$\frac{45}{4}$分を引いた$\frac{195}{4}$分の中に、サイクルがいくつ入っているかを考えましょう。

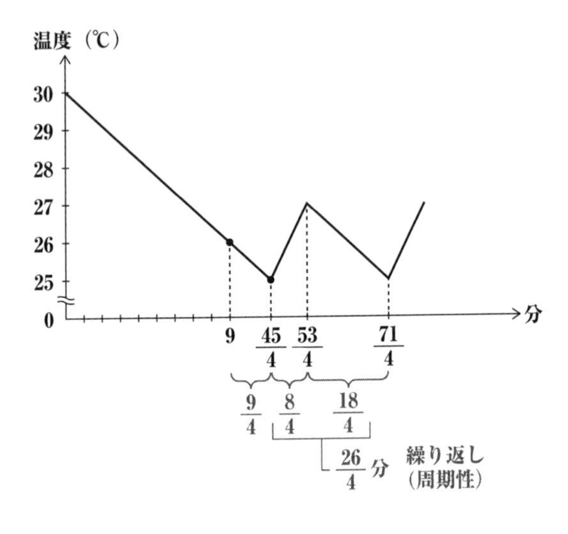

CHECK

どんな周期性になっているかを考える

すると、

$$\frac{195}{4} \div \frac{26}{4} = \frac{195}{26}$$

$$= 7\frac{13}{26}$$

$$= 7\frac{1}{2}\text{サイクル}$$

$\frac{195}{4}$分は、7サイクルと1サイクルの$\frac{1}{2}$に相当するというわけです。1サイクルが$\frac{26}{4}$分なので、端数の$\frac{1}{2}$サイクルは、$\frac{26}{4}\times\frac{13}{26}=\frac{13}{4}$分に当たります。

クーラーが停止しているのは、2分$\left(\frac{8}{4}分\right)$かけて2℃上がっている区分ですから、端数の$\frac{13}{4}$分の中にも2分間クーラーが停止している時間があるということです。

1サイクルにつき2分間の停止時間が7回と、もう1回分ということで、答えは、

$$2\times7+2=\mathbf{16}\textbf{分間}$$

となります。

情報を視覚化して**周期性**に気づくことができれば、あとは頑張って分数の計算を行っていき、答えを導き出すことができます。

問題8. 慶應義塾中等部［対称性の利用］

［図］の正方形において、

角xの大きさは°です。

［図］

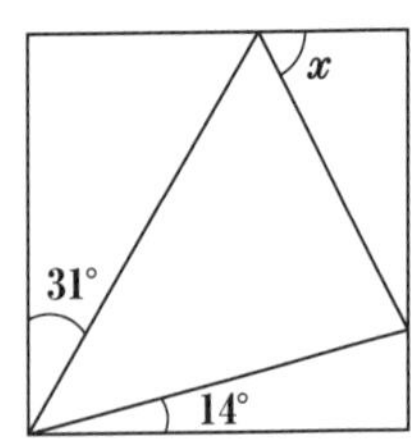

一見するとシンプルな図形問題ですが、実際にやってみるとけっこう難しいことに気づくはずです。

実はこの問題、あることに気づかないと大変な苦労をするようになっています。その「あること」とは、**わかっている角度の合計が45°**だということです。

45°というのは、直角である90°の半分。つまり、「どこかで直角を半分に折り返せそうだ」と気づくことがポイントになってきます。

CHECK

90°や45°といった特別な角度がないか探す

45°を使うために、右下にある細い△AEBを左側に持っていき、△ADGをつくりましょう。

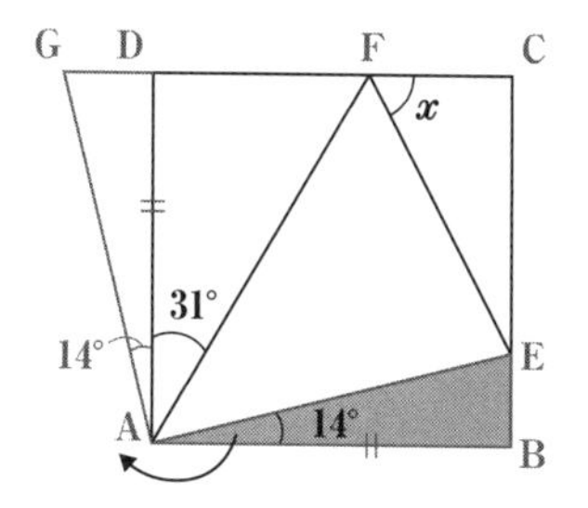

31°と14°を足すことで∠FAGに45°ができました。また、∠FAEも90°−(31°+14°)=45°とわかります。

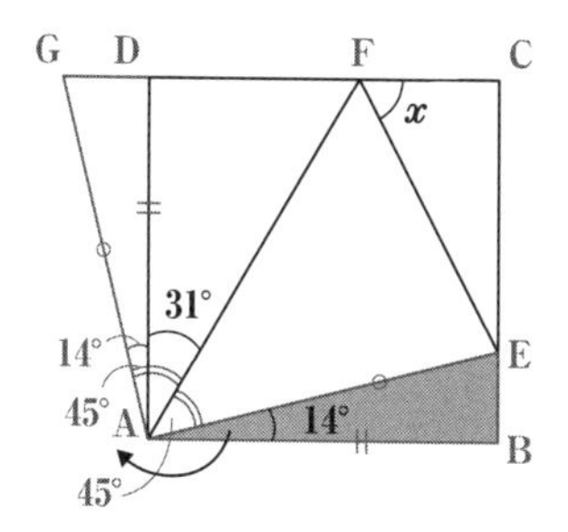

さらに、△AEFと△AGFは合同です。なぜそういえるのでしょうか。まず最初に細い三角形を移動してきたことを思い出してください。AEとAGが等しく、AFは共通であり、さらに∠FAEと∠FAGがそれぞれ45°で等しいため、合同だといえるわけです。

△AEFと△AGFはAFに関して**対称**なので、中学受験の塾ではよく「ここところの角度が足して45°になるときは、パタッと折り返せるよ」と教えています。合同になるから

折り返せるんですね。

ここまでわかれば、あとは簡単です。

ぴったり折り返せるわけですから、正方形の左下のAからEFに垂線を下ろしてできる直角三角形の△AHFと△ADFは合同です。これでxの隣にある2つの角、∠AFHと∠AFDの大きさは等しく、それぞれ59°だとわかります。

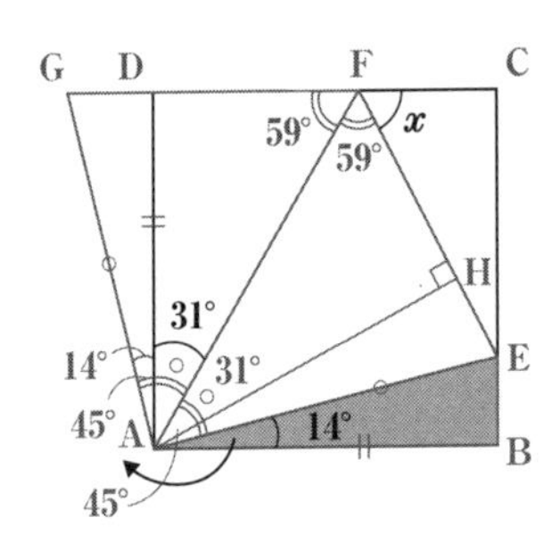

よって、

$$x = 180^\circ - 59^\circ \times 2 = \mathbf{62^\circ}$$

となります。

31°と14°なんて適当に選んだ角度のように見えますが、ちゃんと意味があるんですね。2つの角度の合計が45°でないと、図形の対称性をうまく利用することはできません。

COLUMN 3

暗算のテクニック

数の計算という意味では、数学よりも算数の方が難しい面があると私は思います。数学になると文字式が登場するので、文字式の計算に習熟する必要はありますが、たとえば本書に収めた問題の一部に見られるような複雑な四則演算が数学ではそんなに登場しないのです。実際、ドリルのようなものを使って数の計算のトレーニングをする機会は中学以降はあまりありません。計算力はある意味、小学生の算数の時代に鍛えておかないと、なかなか後伸びしないのです。でも、大人になってからでも計算に強くなりたいと思う人は多いのではないでしょうか?

そこで、このコラムでは普段私が使っている**暗算のテクニック**を紹介します。それぞれのテクニックが使えるシーンはある程度限られてしまいますが、うまくパターンにはまったときには、強力な効果を発揮するものばかりです。

ぜひ、仕事や生活にお役立てください!

テクニック1 ×5、×25、×125の掛け算

まずは次の「特別な小数」と分数の関係を頭に入れてください。実は、この対応関係は、中学受験をする子どもが、塾に入ったばかりの時期（多くは小学3年生の2月）にもれなくたたきこまれるものです。それくらい、中学受験を

する子どもにとっては当たり前のものになっています。

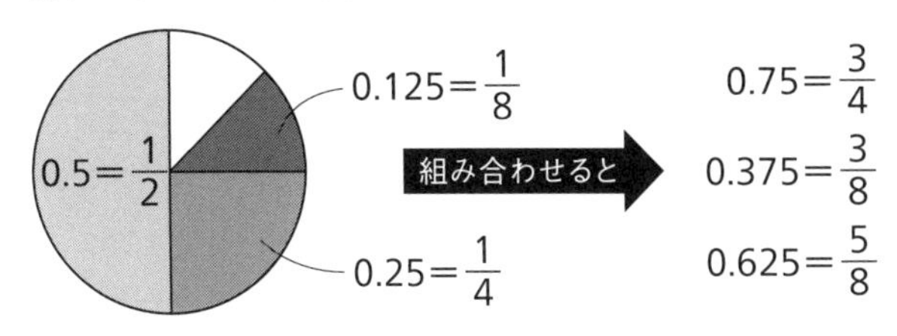

左の円の面積を「1」と考えてください。この円を次々に二等分していくことで

$$0.5=\frac{1}{2}、0.25=\frac{1}{4}、0.125=\frac{1}{8}$$

の関係をおさえてください。またこれらを組み合わせることで

$$0.75=\frac{3}{4}、0.375=\frac{3}{8}、0.625=\frac{5}{8}$$

も頭に入れておきたいところです。

では「特別な小数と分数の関係」を使って「×5、×25、×125」の暗算をしていきましょう。

《例題》36×25
手順①　特別な小数をあぶり出す
手順②　分数に直して計算

36×25
$= 36 \times 0.25 \times 100$
$= 36 \times \frac{1}{4} \times 100$
$= 9 \times 100$
$= \underline{900}$

① 特別な小数をあぶり出す

$0.25 = \frac{1}{4}$

② 分数に直して計算

「25＝0.25×100」と考えることで、特別な小数をあぶり出すところがポイントです。そうすれば、「$36 \times \frac{1}{4}$」の結果を100倍するだけで答えが出ます。上の例題のように割り切れるときには非常に計算が楽になりますし、もし割り切れなかったとしても、ある数に「×25」をするより「÷4」をする方が簡単です。

類題で練習しておきましょう。

【練習】

$0.125 = \frac{1}{8}$
$0.375 = \frac{3}{8}$

(1) $72 \times 125 = 72 \times 0.125 \times 1000$
$= 72 \times \frac{1}{8} \times 1000$ ➡ $\underline{9000}$

(2) $48 \times 375 = 48 \times 0.375 \times 1000$
$= 48 \times \frac{3}{8} \times 1000$ ➡ $\underline{18000}$

テクニック2 ÷5、÷25、÷125の割り算

《例題》9÷125

手順① 割り算を分数に直す

手順② 「特別な小数」を意識して逆約分

$9 \div 125$

$= \dfrac{9}{125}$

$= \dfrac{9 \times 8}{125 \times 8}$

$= \dfrac{72}{1000} = \underline{0.072}$

① 割り算を分数に

② 特別な分数を意識して逆約分

$0.125 = \dfrac{1}{8}$ ➡ $125 = \dfrac{1000}{8}$

➡ $125 \times 8 = 1000$

「÷5」「÷25」「÷125」は、分数で表した後に分母と分子を「×2」「×4」「×8」すれば、分母が「10」「100」「1000」となるので、計算が楽になります。約分は分母と分子を同じ数で割ることをいいますが、ここでは分母と分子に同じ数を掛けるので、私は「逆約分」と呼んでいます。

「÷5」ではあまり恩恵は感じないかもしれませんが、「÷25」や「÷125」の計算は随分と楽になる感覚を味わってもらえると思います。これも類題で練習しておきましょう。

【練習】

$0.25=\frac{1}{4}$

$0.75=\frac{3}{4}$

(1)　$13\div25=\frac{13}{25}=\frac{13\times4}{25\times4}=\frac{52}{100}$　➡　0.52

(2)　$21\div75=\frac{21}{75}=\frac{21\times4}{75\times4}=\frac{84}{300}$　➡　0.28

---

(2)では、「$0.75=\frac{3}{4}$」であることから、「$75\times4=300$」であることを利用しています。

テクニック3　差が偶数の掛け算

《例題》32×28

手順①　2つの数の和の半分（平均）を出す

手順②　2つの数の差の半分を出す

手順③　(①の数)^2－(②の数)^2

32×28　①　2つの数の和の半分（平均）を出す

⇒　$(32+28)\div2=30$

②　2つの数の差の半分を出す

⇒　(32−28)÷2=2

③　①の数^2−②の数^2

⇒　$30^2-2^2=900-4=\underline{896}$

手順①で求める和の半分（平均）が「30」のようにキリがよく、さらに手順②で出す「差の半分」が小さな数になるときには、特に威力を発揮するテクニックです。

ちなみに、このテクニックは中学で習う次の乗法公式を利用しています。

$$(a+b)(a-b)=a^2-b^2$$

2つの数の「和の半分」や「差の半分」を考えるのは、$x\times y$という計算を$(a+b)\times(a-b)$に変換できるようにaやbを求めたいからです（下記参照）。例題は$x=32$、$y=28$のケースですね。

$$\begin{cases} x=a+b \\ y=a-b \end{cases} \Rightarrow \quad a=\frac{x+y}{2}、b=\frac{x-y}{2}$$

これも練習しておきましょう。

【練習】

(1)　63×57

⇒　$(63+57)\div2=60$

⇒　$(63-57)\div2=3$

⇒　$60^2-3^2=\underline{3591}$

(2)　204×196

⇒　$(204+196)\div2=200$

⇒　$(204-196)\div2=4$

⇒　$200^2-4^2=\underline{39984}$

テクニック4　一の位の数の和が10で、十の位が同じ2桁どうしの掛け算

《例題》63×67

手順①　十の位の一方を「1」増やして十の位どうしを掛ける

手順②　一の位どうしを掛ける

手順③　①と②を並べる

63×67

①　十の位の一方を「1」増やして十の位どうしを掛ける

⇒　$(6+1)\times6=42$

②　一の位どうしを掛ける

⇒　$3\times7=21$

③　①と②を並べる

⇒　4221　　➡　<u>4221</u>

「一の位の数の和が10で、十の位が同じ2桁どうしの掛け算」というのは随分と条件が厳しいと思われるかもしれませんが、この条件にはまれば、このようにかなり簡単に計算できてしまいます。

ちなみに、このテクニックは次の乗法公式の応用です。

$$(x+a)(x+b)=x^2+(a+b)x+ab$$

例題は$x=60$、$a=3$、$b=7$のケースなので

$$\begin{aligned}(60+3)(60+7)&=60^2+10\times60+3\times7\\&=(60+10)\times60+21\\&=4200+21\\&=4221\end{aligned}$$

となります。

これも類題で練習しておきましょう。

【練習】

(1)　34×36　→　(3+1)×3=12
　　　　　　　→　4×6=24　　　➡　1224

(2)　82×88　→　(8+1)×8=72
　　　　　　　→　2×8=16　　　➡　7216

どのテクニックも最初はゆっくり練習してみてくださ

い。慣れるまでは紙に書くのも良いでしょう。そのうちだんだんと慣れてきて、きっと簡単に暗算できるようになると思います。

こうした暗算のテクニックは、知っている人からすればそんなに難しいものではありませんが、知らない人からすると「すごい！　なんでできるの?」と周囲の人に驚かれると思います。また使えるシーンも結構あるものです。ぜひ、活用してみてください。

第 3 章

最難関問題で数学的思考を鍛えぬく

本章に選んだのは中学入試算数のトップランク、まさに「至高の難問」ばかりです。これらの問題は東大生でも完答できる人はごくわずかだと思います。ぜひ、難しさを楽しんでください！　そして「問題解決のための10の発想」を縦横無尽に駆使する醍醐味を味わっていただければ幸いです。

問題1. 神戸女学院中学部［解析と俯瞰・逆を考える］

下の図はどちらも直径18cmの円で、円周を12等分する位置に印がついています。これについて、次の問いに答えなさい。

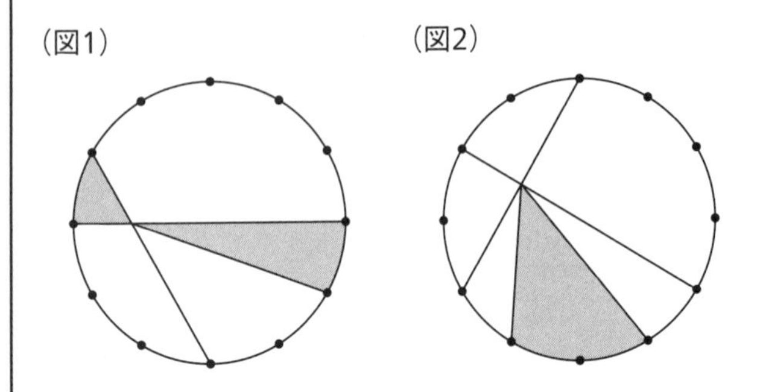

(1)　(図1)のかげの部分の面積の和は何cm^2ですか。

(2)　(図2)のかげの部分の面積は何cm^2ですか。

図形の面積を求めるシンプルな問題ですが、どこから手を付けてよいのか、かなり戸惑うのではないでしょうか。

問題の図に含まれている情報だけでは足りませんから、補助線を書き足して情報を増やしたいところです。ではどんな補助線を引くのがよいか。

ここで問題の図を**俯瞰**します。円の一番の特徴といえば、「円の中心から円周までの距離が一定」ということです。補助線も、**中心と注目する点を結んでみる**、というのが基本的な戦略になってきます。

図1はこのままだと円の中心がわかりづらいですね。2本の直径が交わる点が円の中心ですから、下図のように補助線を入れてみました。

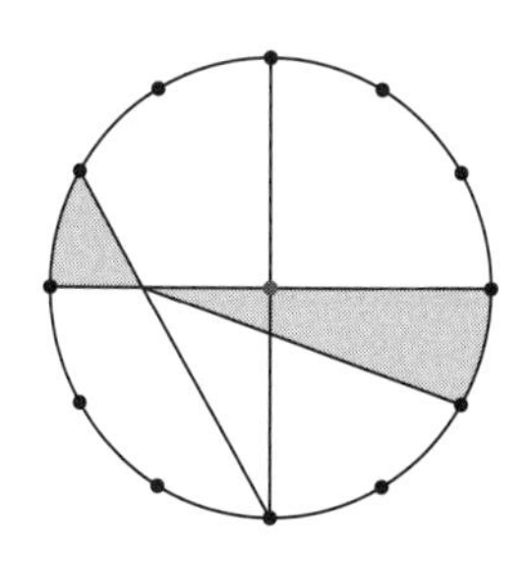

図1は影が変な形をしています。もうちょっと面積を求めやすいところへ移動したいと思います。中心に関係するところに影を移すことができれば、面積について考えやすくなりますから、次の図のような補助線も引きます。

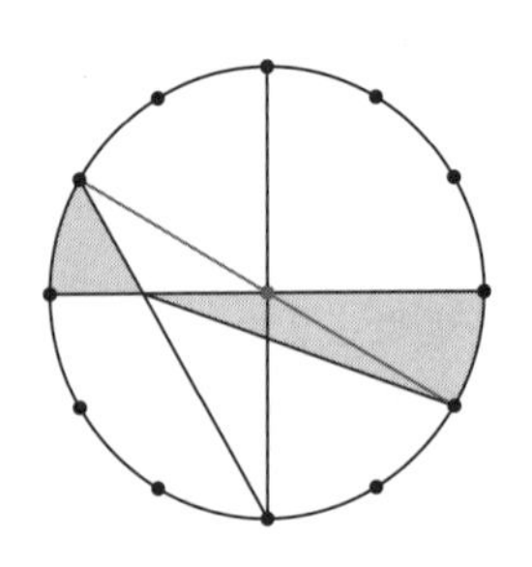

今度は**解析**的に図を詳しく見てみましょう。第2章では、補助線を引く際の基本戦略として「すでに書かれている線に対して、平行線や垂線を引く」ということを挙げました。

CHECK

円において重要な補助線は、「中心と結んだ線」、「すでにある線と平行な線」、「すでにある線と垂直な線」

ここでは平行線を引きます。

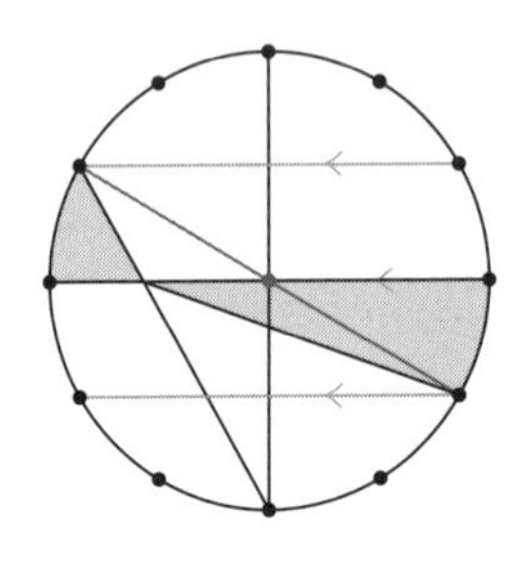

円には対称性がありますから、元からある直径と、新しく引いた上下の2本の補助線との間隔はどちらも同じです。

ということは、下図に示した細い△OBCの面積は、左上にある△OACと同じになります。底辺OCを共有していて、高さも同じだからです。

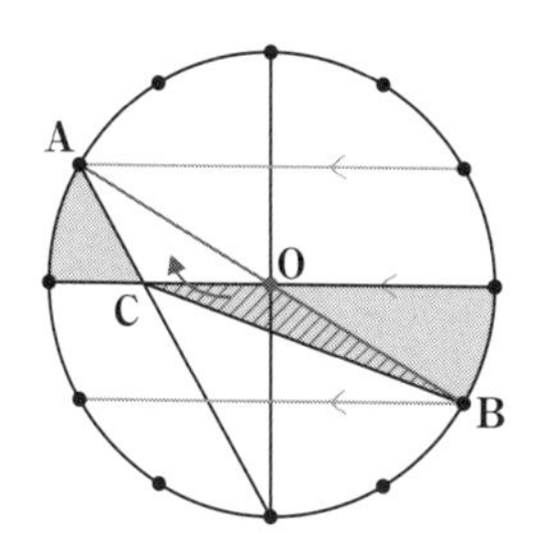

CHECK

面積を求めやすい場所へ図形を移動できないか考える

ここまで来れば、だいぶ見えてきたのではないでしょうか。

図1の影は、円周を12等分しているので、中心角30°の扇形2つ分ということです。

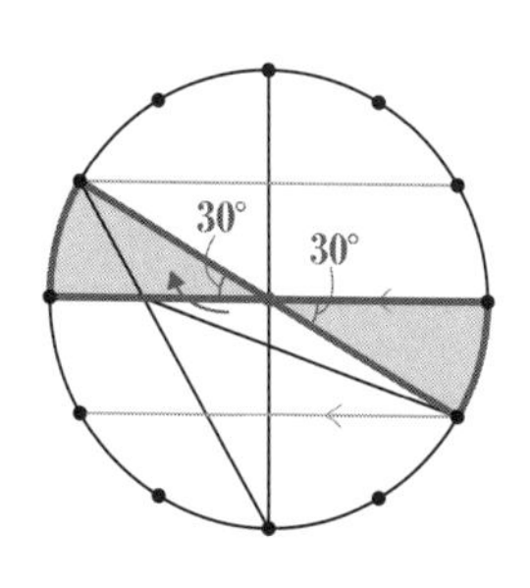

半径が9cmですから、扇形2つ分の面積は、

$$9\times9\times3.14\times\frac{30+30}{360}=\mathbf{42.39cm^2}$$

となります。

(2)は似ていますが、さらに難しくなっています。こちらについても、中心の位置がわかりやすくなるよう補助線を入れてみます。どこかに直径を入れればよいでしょう。

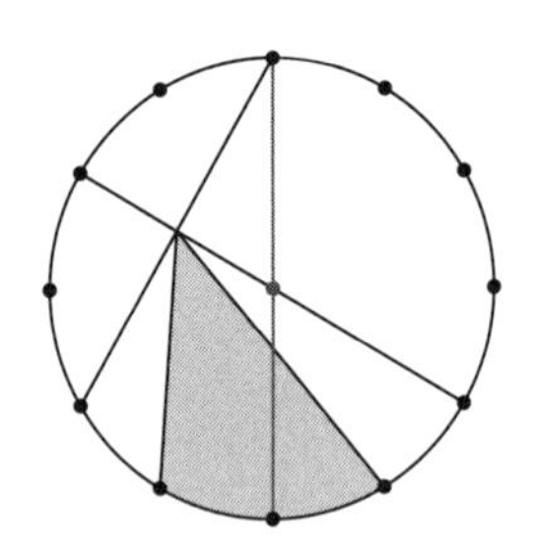

そして(1)でやったように、中心と円周上の点を結ぶ補助線を入れてみます。

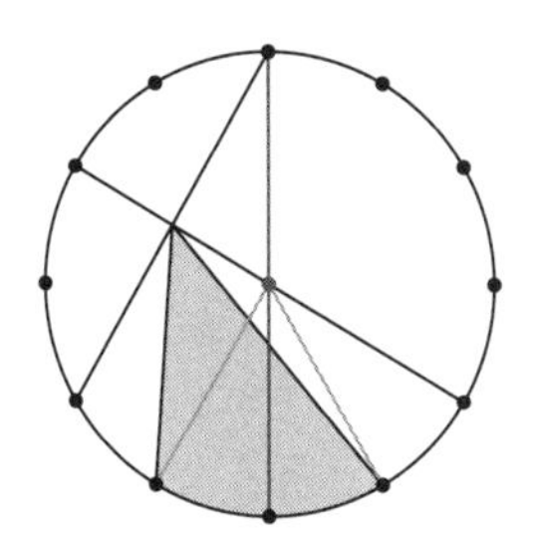

こうすることで少し見えてきたことがあります。

求めたい影の面積は、次の図の扇形ODEと△ODFを足したものから、△OEFを引いたものだということです。

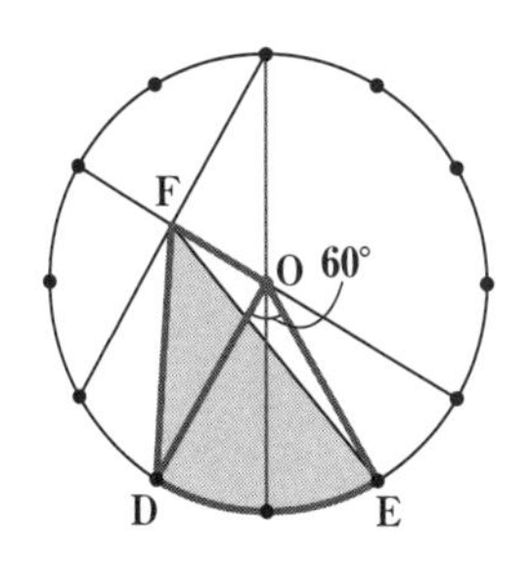

CHECK

求めたい面積は、あるまとまりから一部分を引いたものだという視点をもつ

扇形ODEは(円を12等分したときにできる扇形を2つ合わせたものなので)中心角が60°の扇形です。この面積はすぐ求められます。

問題は△ODFや△OEFの面積をどうやって求めるかです。

そのためには、どうしていけばよいでしょうか。

これらの三角形の面積を出すとなると、底辺や高さの情報が必要になってきそうですから、次の図のように**直径と平行になる補助線**を引いてみることにします。

この補助線を引いたことで、飛躍的に情報が増えたことがおわかりでしょうか。

また、△OEGのもう1つの角は直角です。直径と平行の補助線とこれに対する垂線が交わっているからです。

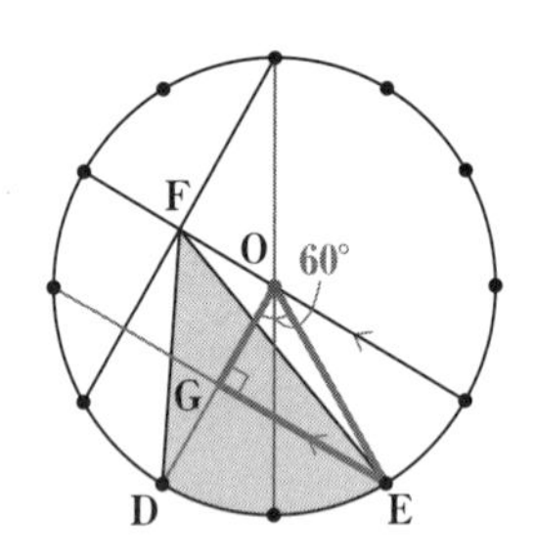

新しくできた△OEGは、90°、30°、60°の角を持つ、三角定規にも使われる、いわゆる有名直角三角形です。この直角三角形の斜辺と短辺の長さの比は、2：1になります。

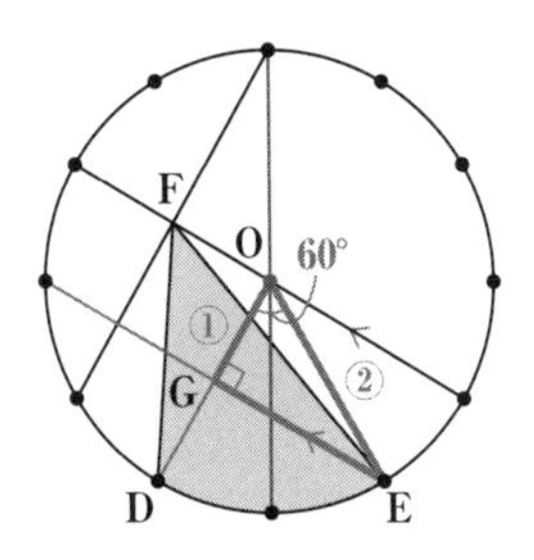

なぜそうなるかというと、次の図のように、この直角三角形は正三角形の1つの頂点から垂線を下ろして2等分したものだからです。

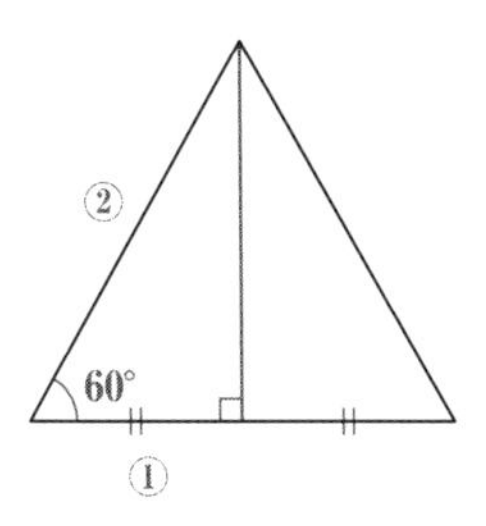

この円の半径は9cm。ですから、△OEGの短辺OGは、その半分の$\frac{9}{2}$cmだとわかります。

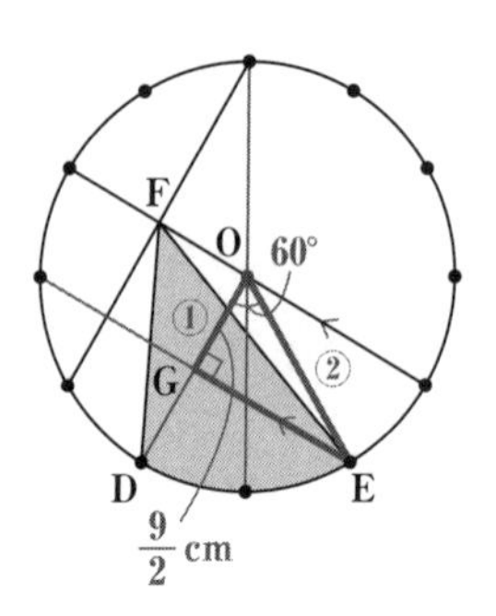

同じように考えると、次の図の△OHFもやはり30°、60°、90°の有名直角三角形ですから、OFも$\frac{9}{2}$cmです。

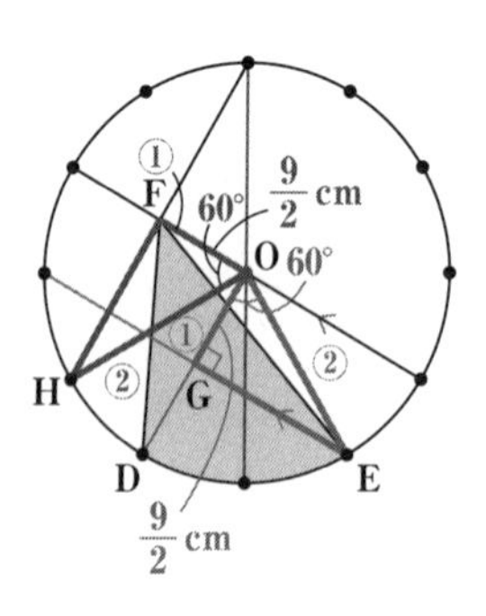

ここまでわかれば、もう解けたも同然です。

△ODFと△OEFはOFを底辺とすると、それぞれODとOGが高さになることに注意してください。

扇形ODE＋△ODF－△OEF

$$=9\times9\times3.14\times\frac{60^\circ}{360^\circ}+\frac{9}{2}\times9\times\frac{1}{2}-\frac{9}{2}\times\frac{9}{2}\times\frac{1}{2}$$

$$=42.39+\frac{81}{8}$$

$$=\mathbf{52.515cm^2}$$

というのが(2)の答えです。

この問題は△OEFという**求める面積以外の部分に注目する**ところがポイントです。あとは、円の中心にも気を配りながら、直径や、直径に対する平行線や垂線を書き込めるかどうかで勝負が決まります。

当然、試行錯誤をしながら考えをめぐらすのは構わないのですが、このレベルの問題は、闇雲に引いた線によってたまたま解けるということはあまりありませんし、仮に解けたとしても次につながりません。やはり初めから情報を増やすという明確な目的を持って、**俯瞰したり解析したり**しながら**戦略的に補助線を引く**ことが大切です。

問題2. 灘中［対称性の利用］

光が鏡で反射するときには、(図1)のように角アと角イの大きさが等しくなります。(図2)は、3枚(まい)の鏡AB、BC、CAで、何回も反射しながら同じ経路をくり返し進む光のようすを表しています。このとき、角ウの大きさは何度ですか。

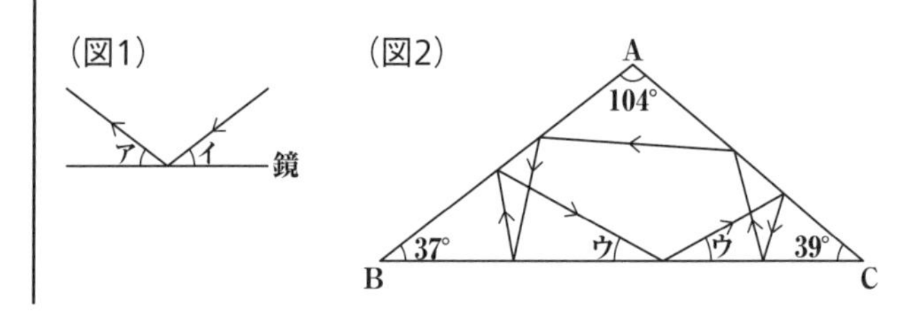

理系のエキスパート人材を育てることでも有名な灘中学校の入試問題です。あとに出てくる開成中とこの灘中の2校が出題する問題は、中学入試の中でも異彩を放っており、それこそ算数オリンピックの問題になってもおかしくないレベルです。もっとも、灘中や開成中に合格する生徒でも、こうした問題をすべて解けるとは限りません。

さて、光の反射ということで、入射角と反射角が同じになるわけですが、同じ角度になっているところを図に書き入れていっても、記号ばかり多くなっていきよくわからなくなってしまいます。

同じ角度で光が反射するということを、もう少し考えやすい概念を示す図やイメージに置き換えることはできないでしょうか。

CHECK

考えやすい概念図に置き換えてみる

光が反射する様子を取り出すと、次の図のようになります。

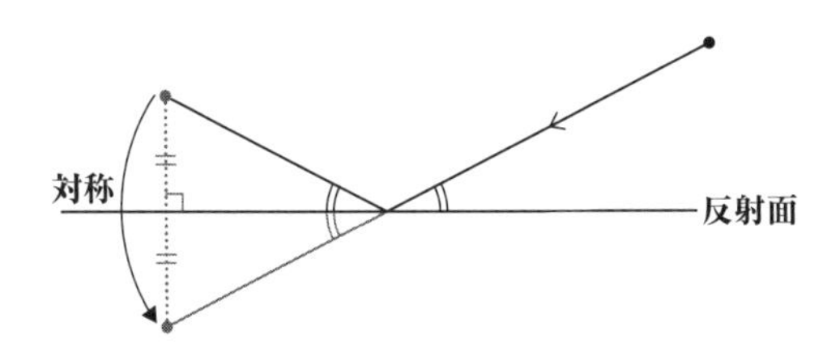

反射面に対して、対称の位置にある点を想定するわけです。こうすれば、鏡で反射する光線が直線になって、反射という現象をもう少し考えやすくなりそうな気がしませんか。

ところが、今回の問題の場合、反射する箇所が多く、なおかつ37°や39°、104°といった中途半端な角度ばかりで、よく使われる有名三角形は出てきそうにありません。十分な時間があれば、反射する箇所1つずつについて対称の点を考えることもできるでしょうが、制限時間内で問題を解くためにもっと効率的なやり方を考えたいところです。

そこで、直線BCを軸として折り返してみます。すると次の図のようになります。

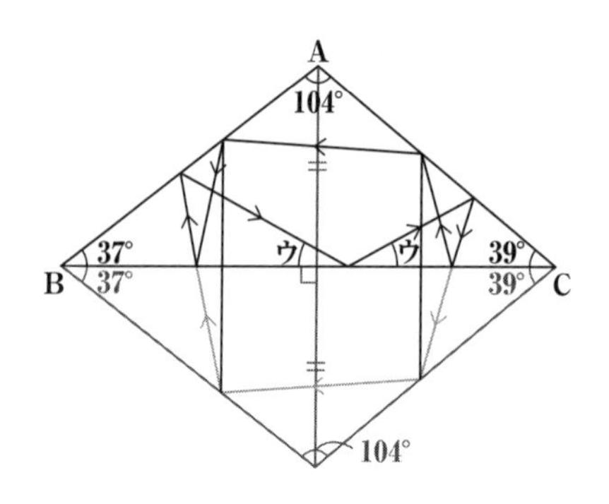

折り返したことで、2か所の反射をなくすことができて、少し考えやすくなりました。

問題では角ウの大きさを尋ねていますが、必ずしも角ウを直接求める必要はないかもしれません。たとえば、次の図の角xの大きさがわかれば、180°からxを引いて2で割れば角ウを求められます。そこで当面の目標として、角xの大きさを考えることにしましょう。

角xを求めるために使えそうな他の角にも、名前をa、b、c、dと付けていきます。

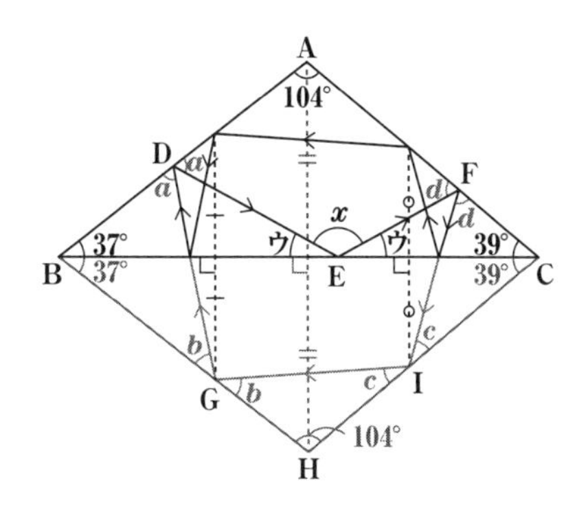

四角形ADEFに注目すると、四角形の内角の和は360°ですから、$a+d$の大きさがわかれば、xもわかります。

他にもわかる情報を見ていきましょう。三角形の内角の和は180°ですから、△BGDに注目すると$a+b+37° \times 2=180°$で、$a+b=106°$。同様に、△HIGと△CFIを見れば$b+c$、$c+d$の大きさもわかります。まとめると次のようになります。

$$\begin{cases} a+b=106° & \cdots\cdots① \\ b+c=76° & \cdots\cdots② \\ c+d=102° & \cdots\cdots③ \end{cases}$$

①と③を足し合わせると、

$$\Rightarrow \quad a+b+c+d=208°$$

です。

小学生の算数で未知数が4つもある連立方程式かと驚かれたかもしれませんが、a、b、c、dそれぞれの値すべてがわかる必要はありません。$a+d$の値さえわかればよいことに気づけるでしょうか。

CHECK

個別の値がわからなくても、和や差がわかればよいこともある

②の式から、$b+c=76°$だとわかっていますから、

$$\Rightarrow \quad \underbrace{a}_{①} + \boxed{b+c} + \underbrace{d}_{③} = 208°$$

②より、76°

ここから、

$$a+d=132°$$

となります。あとは、四角形ADEFの内角の和が360°であることを使って、角x、角ウを求めていきましょう。

$$a+d+x+104°=360°$$

$a+d=132°$なので、

$$\Rightarrow \quad x=124°$$

$$ウ=\frac{180°-124°}{2}=\mathbf{28°}$$

となります。

この問題のポイントは、まず反射を線対称を使って置き換えてみること。ただし、全部を置き換えようとすると大変なので、効率よく考える工夫ができるかどうか。

もう1つは、未知数が複数ある場合の考え方です。□を使って式をつくり、□に入る数を求めるいわゆる「逆算」はどこの中学入試でも出題されますが、この問題のようにわからない数が4つも出てくる問題は珍しいといえます。慌てずに$a+b$の値さえわかればよいという目的を見失わないことも大事でしょう。

問題3. 海城中［解析と俯瞰・言い換え］

右の図のような半径4cmの円があり、その周上に8つの点A、B、C、D、E、F、G、Hが時計回りに等間隔(かく)に並んでいます。これについて、次の問いに答えなさい。

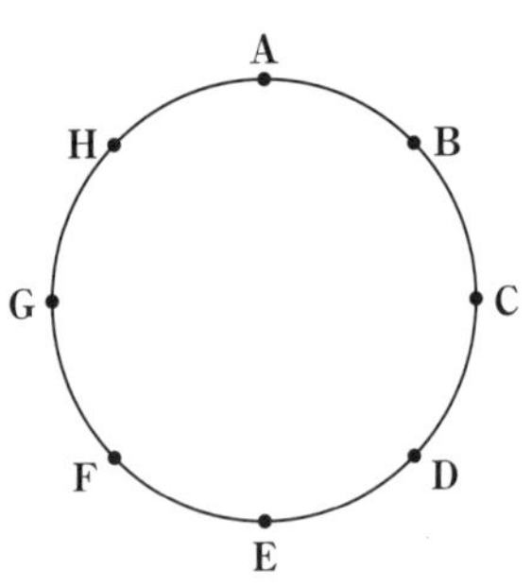

(1) 三角形DEGの面積は何cm^2ですか。

(2) 三角形BDGと三角形ABCの面積の差は何cm^2ですか。

(1)では△DEGの面積を求めるので、まず図に描いてみることにします。

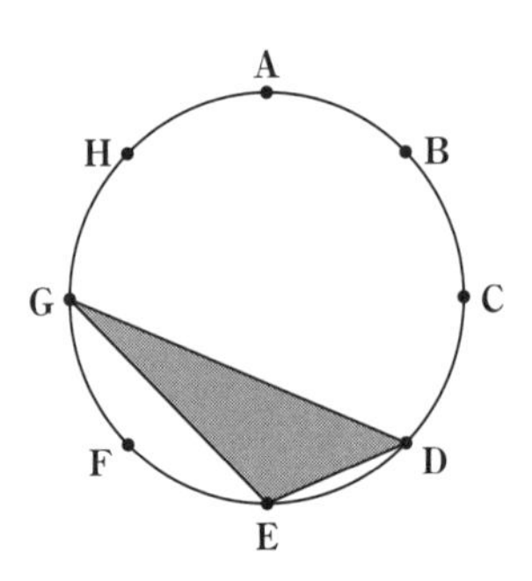

今回も円ですから、円の中心を通る補助線を入れてみましょう。

CHECK

円において重要な補助線は、「中心と結んだ線」、「すでにある線と平行な線」、「すでにある線と垂直な線」

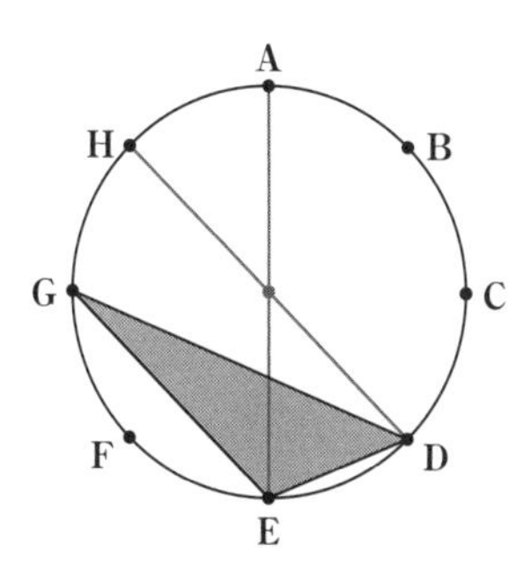

これでだいぶ考えやすくなってきました。本章の1問目、神戸女学院中等部の問題と同様、△DEGを面積を求めやすいところに変形・移動させる、**等積変形**を行ってみましょう。

等積変形のパターンとしては次の図のようなものが代表的です。YZの長さが一定のとき、平行な直線上のどこにX′をとっても、△XYZと△X′YZの面積は等しくなります。

等積変形

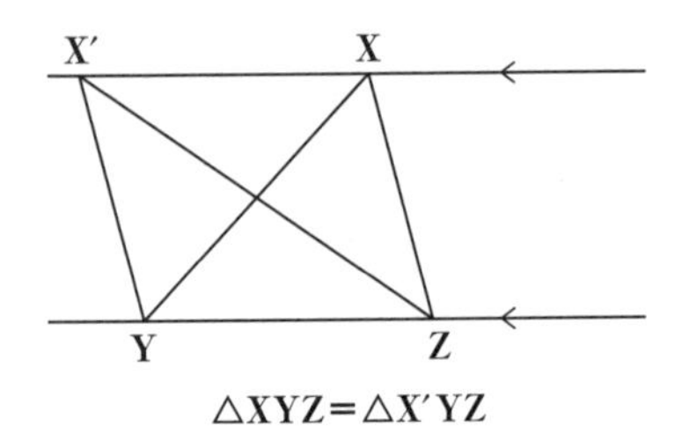

$\triangle XYZ = \triangle X'YZ$

今回の問題では、EGとDHが平行になっていますから、これが使えそうです。DH上のどこにD′を持ってきても、△D′EGの面積は△DEGと同じです。Dをどこに持ってきてもよいのなら、中心Oに持ってきてしまうことも可能です。

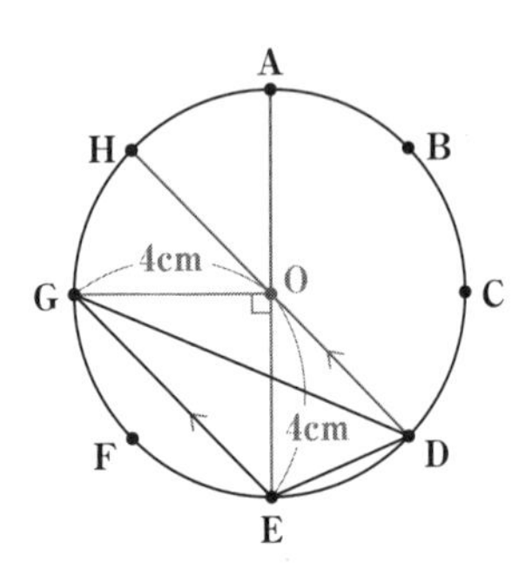

円の半径は4cmですから、(1)の答えは、

$$\triangle DEG = \triangle OGE = 4 \times 4 \times \frac{1}{2} = \mathbf{8cm^2}$$

となります。

次の(2)は、図形の面積ではなく、2つの図形の面積の差を尋ねています。

まず問題文の内容を図にしてみます。△BDGと△ABCは重なっていて考えづらいので、△ABCを同じ面積となる△BCDに移動させてしまいましょう。

CHECK

面積を求めやすい場所へ図形を移動できないか考える

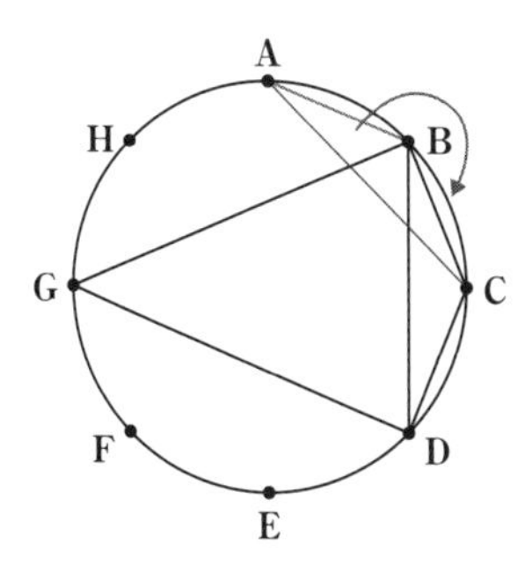

例によって、円の中心を通る補助線を書き入れます。円の中心はO、BDとCGの交点はIと名前を付けておきます。

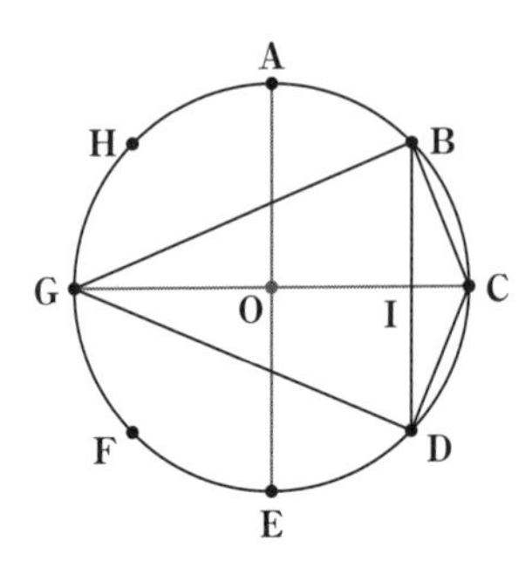

こうすることで、問題がだいぶわかりやすくなってきました。要するに、上側にある△BIGと△BCIの差を出して、それを2倍すれば(2)の答えになります。

△BIGの面積を考える上で必要になりそうなBIの長さをxとしておきましょう。中心OとBを結ぶ補助線を書いてみると△BIOという三角形ができますが、これは直角二等辺三角形です。ということは、OIもxになります。半径が4ですから、GIは$4+x$、CIは$4-x$と表すことができます。

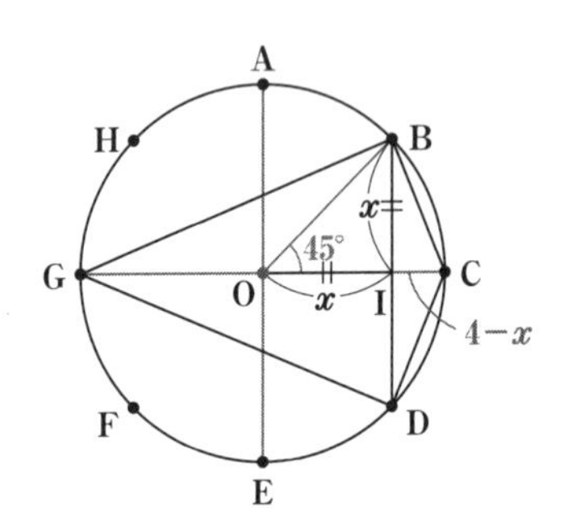

ここでもう一度整理してみましょう。△BDGと△ABCの面積の差は、△BDGと△BCDの面積の差と同じであり、これは、△BIGと△BCIの差を2倍したものと同じです。

よって、

$$
\begin{aligned}
\triangle BDG - \triangle ABC &= \triangle BDG - \triangle BCD \\
&= (\triangle BIG - \triangle BCI) \times 2 \\
&= \left\{ (4+x) \times x \times \frac{1}{2} - (4-x) \times x \times \frac{1}{2} \right\} \times 2 \\
&= (4+x) \times x - (4-x) \times x \\
&= (4 \times x + x \times x) - (4 \times x - x \times x) \\
&= 2 \times x \times x
\end{aligned}
$$

$x \times x$が出てきてしまいました。小学校では2乗や平方根は習いませんが、実はこの$x \times x$は簡単に求めることができます。

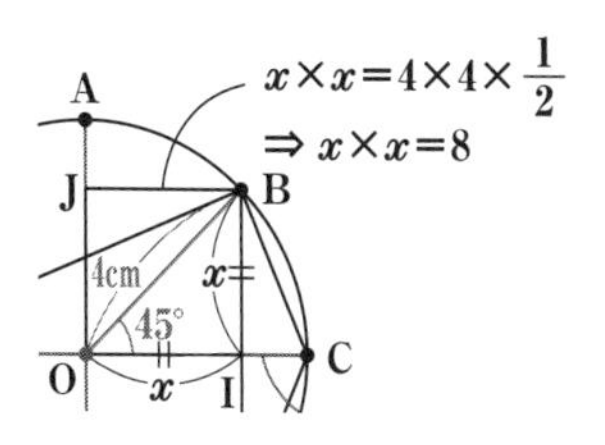

$x \times x$は図に示した正方形OJBIの面積です。そして、正方形もひし形の一種であることから「対角線×対角線÷2」で面積を求めることができます。

つまり、この正方形は、対角線の長さが4cmなので、

$$x \times x = 4 \times 4 \times \frac{1}{2} = 8$$

ということは、(2)の答えは、

$$2 \times x \times x = 2 \times 8 = \mathbf{16cm^2}$$

となります。

ただ、この解法は、わからない長さをxと置いて式を書いたり、「$(a+b)-(a-b)=2\times b$」の関係を使ったり、ちょっと大人っぽいですね。

そこで、もう少し直感的に納得できる「別解」も説明しておきましょう。

△BDGと△ABCの差を、△BDGと△BCDの差と読み替えるのは先と同じです。

今度は、中心を通るGCのほか、CDと平行なBE、BCと平行なADという補助線を入れてみます。BEとADの交点はPとしておきます。

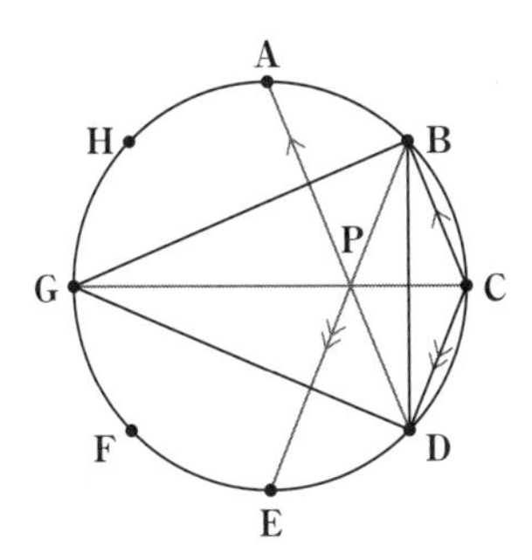

BCとCDの長さが等しく、CDとBP、BCとPDは平行です。つまり、四角形BCDPはひし形であり、△BDPと△BCDは合同です。

いま、△BDGと△BCDの面積の差を求めようとしているわけですから、これは四角形BPDGの面積と同じということになります。

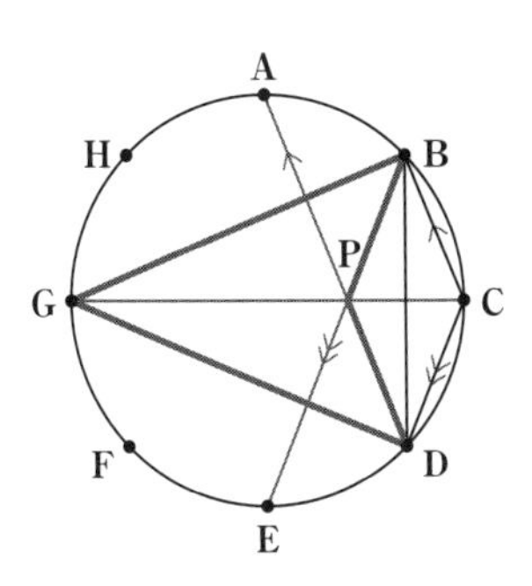

では、四角形BPDGの面積はどうやって求めればよいのか。

ここで(1)を思い出してください。入試問題では、**最初**

の問題が次の問題のヒントになっていることがよくあります。(1)で△DEGの面積は**8cm²**と求めたわけですが、同じような図形が(2)にもないでしょうか。

△DEGをよく見てみると、円周上で隣り合う2点を結んだ辺(DE)と1つ飛ばしの2点を結んだ辺(EG)を持つ三角形ということがわかります。

そういう三角形を探してみると、△DFGが同じようにできています。よって△DFGの面積も8cm²です。しかも、FGとAD、CGとDFは平行ですから、四角形PDFGは平行四辺形です。ということは、△PDGと△DFGは合同で、面積はどちらも8cm²。同じように考えて、△BGPも面積が8cm²です。

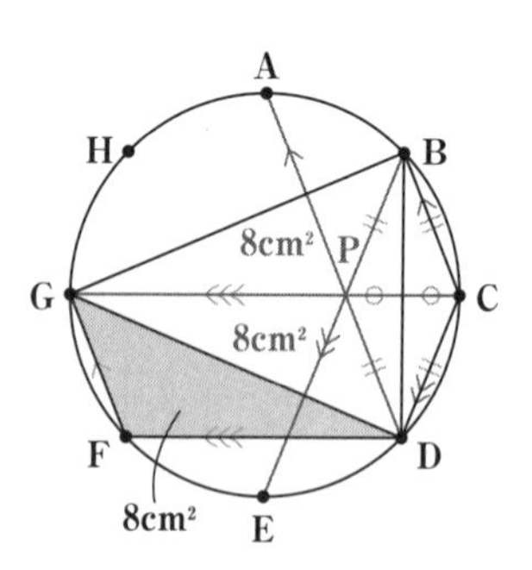

△BDG−△ABC＝△BDG−△BCD
＝△BDG−△BDP
＝四角形BPDG
＝△PDG×2

$$
\begin{aligned}
&= \triangle DEG \times 2 \\
&= 8 \times 2 \\
&= 16\text{cm}^2
\end{aligned}
$$

（(1)より）

よって、△BDGと△ABCの差は、**16cm²**となり、(2)の答えが求まりました。

この問題は、**解析と俯瞰**によって戦略的な補助線を引くことに加え、求める2つの図形の面積の差をいかに別の図形の面積の差に変換するか、そういう「**言い換え**」ができるかどうかがポイントになります。

問題4. 洛南高等学校附属中［逆を考える・比の利用］

下の図は、面積の等しい正六角形を2つ組み合わせ、さらに直線を3本引いたものです。

AB＝BC

CD：DE＝2：1

であるとき、次の比を求めなさい。

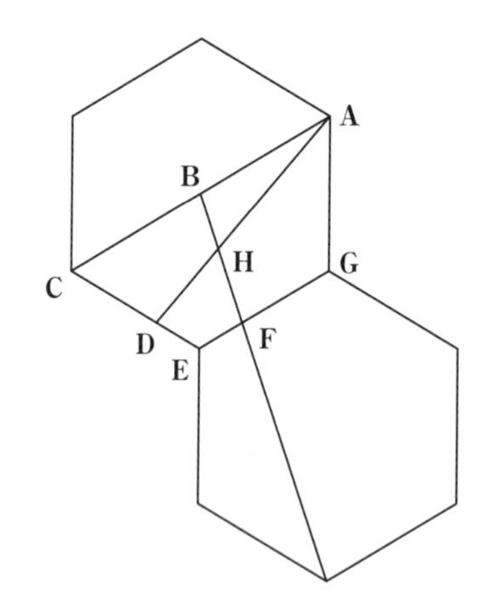

(1) EF：FG

(2) BH：HF

(3) 三角形ABHの面積：四角形DEFHの面積

この問題を解く前に、手がかりになる図形、通称「砂時計」を紹介しておきましょう。

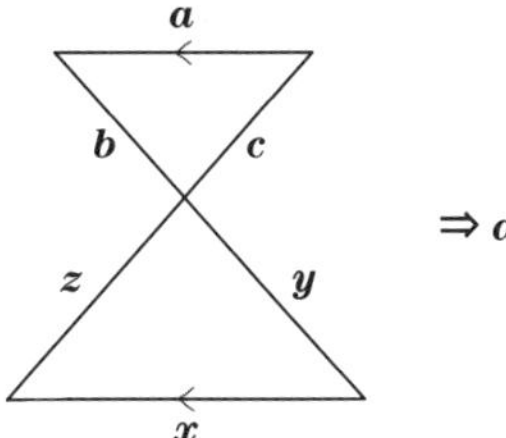

$\Rightarrow a:b:c=x:y:z$

上と下の直線は平行になっていますので、2つの三角形は相似です。だから、$a:b:c=x:y:z$といえるわけです。

この「砂時計」を使う問題はとても多く、今回の問題も「砂時計」を後で使うことになります。

CHECK

平行線があって、辺の長さを求めたいなら、「砂時計」をつくってみる

もう1つ、ポイントになってくるのが問題に出てくる図形が正六角形だということ。正六角形は対角線によって6個の正三角形に分けることができるため、対称性や平行線の性質などが特に使いやすいのです。

CHECK

正六角形の性質をうまく活用する

このあたりを頭に入れておいて、(1)を解いていきます。

まず、問題文に書かれている情報を図に書き入れたのが次の図です。CD：DE＝2：1なので、実際の長さではなく比だとわかるよう、②、①と記しています。

また、下にある正六角形についても、対角線を引いておきます。正六角形に対角線を引くと、各辺との平行線ができるうえ、正三角形が6つできますから、これも問題を解くのに役立ちそうです。

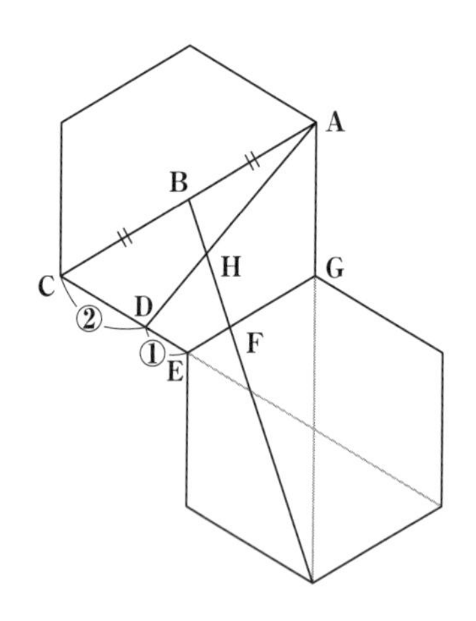

EF：FGを求めるにあたって、FGの長さを考えるために次の図の三角形を考えてみましょう。

正三角形になっているところはどの辺も同じ長さですから、図中で〃を付けたところは、すべて同じ長さです。そして、ABとFGは平行になっています。今、IA：IGは3：2なので、AB：FGも3：2の比となります。

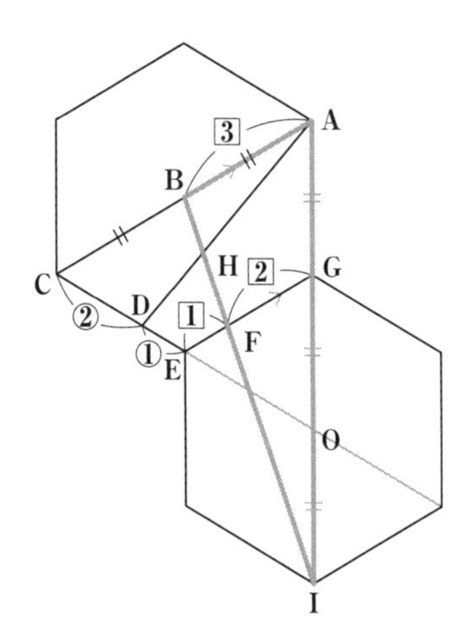

ABとEGは、同じ長さですから、(1)の答えとして、**EF：FG＝1：2**となります。この(1)で求めた1：2は、頭の片隅に入れておいてください。

次の(2)ではBH：HFを求めるわけですが、ここで「砂時計」が生きてきます。GEのEの側の延長線上にEQ＝EGとなるような点Qを新たに置くことで、使い勝手の良い「砂時計」ができ上がります。

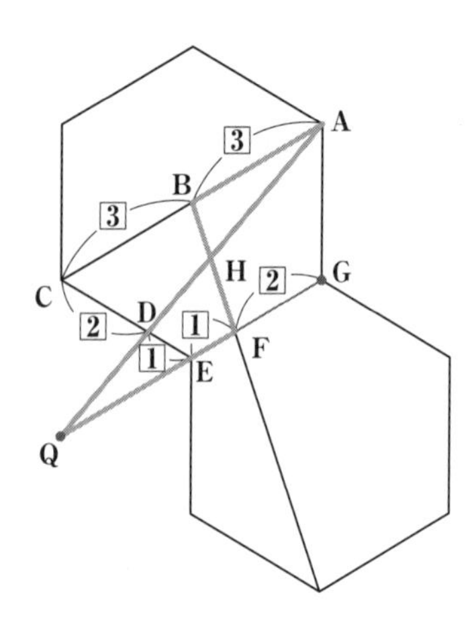

しかも、砂時計は1つではなく、2つできました。2つ砂時計があることで、情報もいろいろと得られそうです。

まずは上の図の薄いグレーの太線で示した「砂時計」を見ます。砂時計の性質から、AB：FQと求めるBH：HFは同じになるのでした。

では、AB：FQはどうすればわかるのでしょうか。

そのために、もう1つの砂時計を使います。

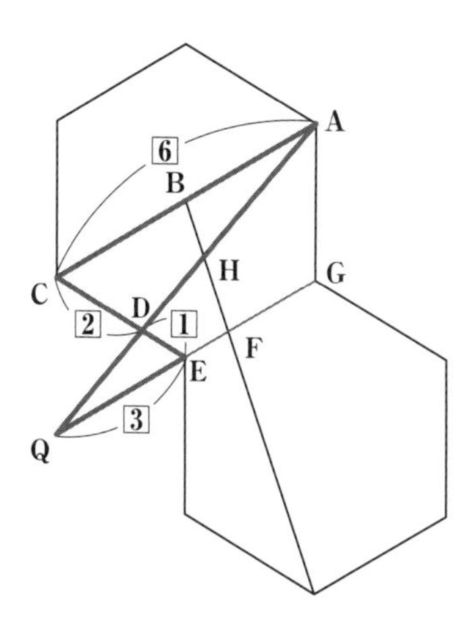

問題文の条件にあるように、CD：DE＝2：1ですから、AC：EQ＝6：3となります。

わかりやすくするために、この情報を先の図に書き入れてみましょう。

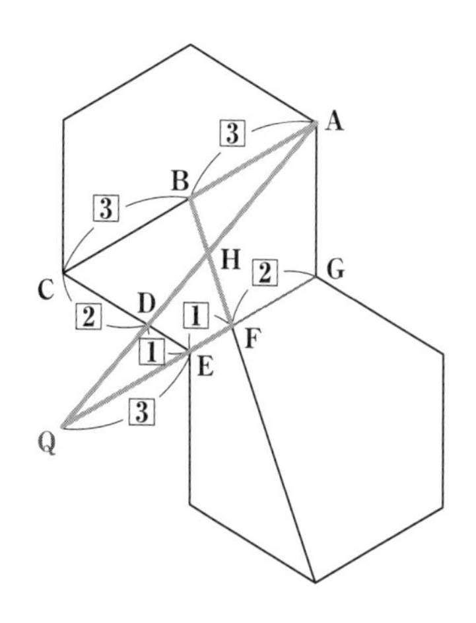

つまり、(2)の答えは

$$AB : FQ = 3 : 4$$
$$\Rightarrow \quad BH : HF = \mathbf{3 : 4}$$

となります。

さらに(3)では、△ABHの面積と四角形DEFHの面積の比を求めるわけですが、どの四角形かを図に描き、さらに(1)と(2)でわかったことも書き入れておきましょう。

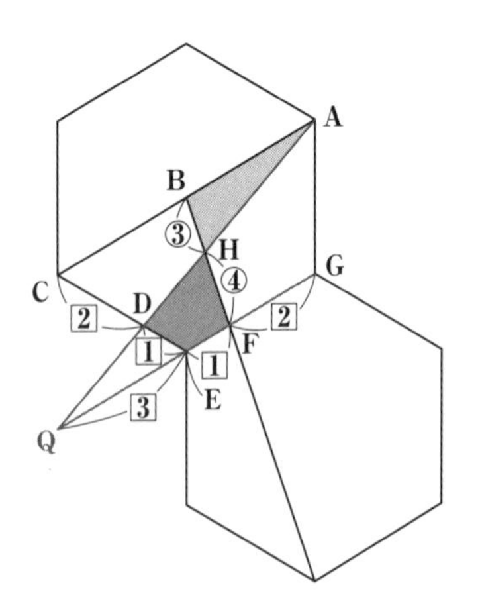

CD：DEとGF：FEは2：1であり、どちらも同じ長さを表しているので2と1。BH：HFの比は、③と④で表しています。比と実際の長さは混同しがちなので、別の記号を使って区別するようにしています。

四角形DEFHは、このままだと考えづらいので、何か基準になる面積を用意したいところです。

今回の問題では、正六角形が使われているので、これをうまく活用したいですね。正六角形の性質を考えてみると、正三角形6個からできていますから、これを使います。

次の図のように、正三角形BEGに着目し、この面積をSとしておきます。他の図形の面積について、Sの何倍になっているかで表そうというわけです。

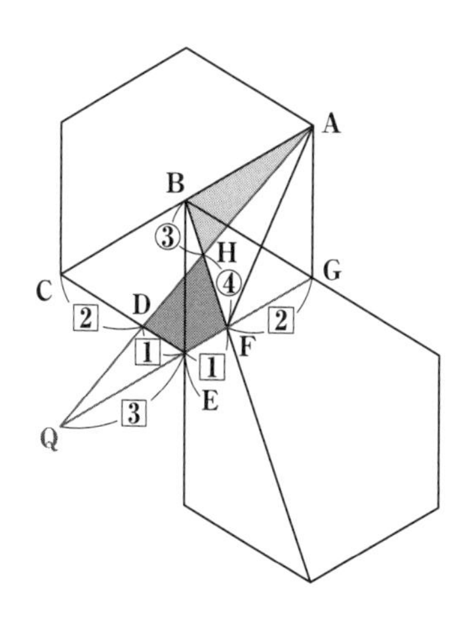

平行をうまく使って、正三角形の面積Sで表せそうな図形はないでしょうか。ABとFGは平行になっていますから、AとFを結んでできた△ABFと正三角形ABGの面積は同じです。

⑵の答えからBH：HF＝3：4だとわかっていますから、

$$\triangle ABH = \frac{3}{7} \times \triangle ABF$$
$$= \frac{3}{7} \times \triangle BEG$$
$$= \frac{3}{7} \times S$$

と表すことができます。

残る四角形DEFHはどうでしょうか。これも四角形DEFHの面積を直接考えるのではなく、**△HQFから△DEQの面積を引く**と考えてみます。

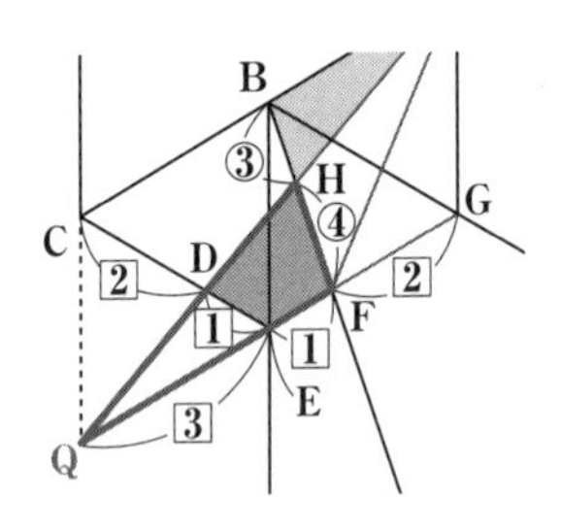

△DEQはどんな三角形でしょうか。(2)でEQの長さは3とわかっていますから、CとQを結んでできた△CQEは△BEGと同じ正三角形です。そして、問題文には「CD：DE＝2：1」と書かれています。ということは、△DEQの面積は、$\frac{1}{3} \times S$だということがわかります。

また、△HQFの面積は、中にある△HEFという小さな三角形から求めることができます。というのも、△HQFと△HEFは1辺(HF)を共有していて、FQとFEの辺の比が4：1になっていることから、△HQF＝4×△HEFと考えられるからです。

そして、△HEFは△BEFと1辺(EF)を共有していて、BFとHFの辺の比が7：4。

さらに、△BEFと正三角形△BEGは1辺(BE)を共有していて、EGとEFの辺の比が3：1となります。

ここまでの関係をまとめたのが次の図です。

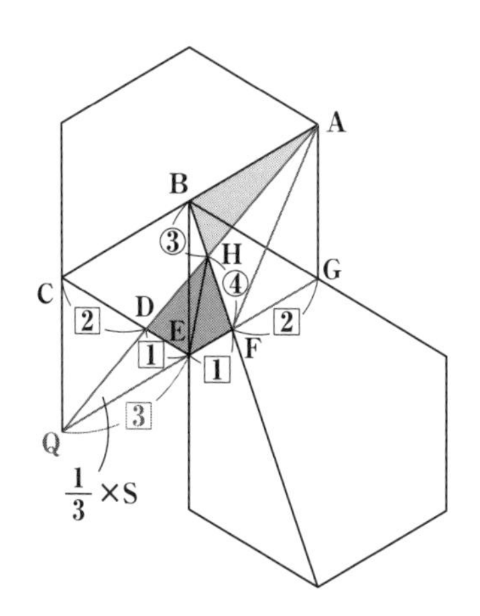

あとは、比を元にそれぞれの三角形の面積を式で表してみましょう。

$$\triangle HEF=\frac{4}{7}\times\triangle BEF$$

$$=\frac{4}{7}\times\frac{1}{3}\times\triangle BEG$$

$$=\frac{4}{21}\times\triangle BEG$$

$$=\frac{4}{21}\times S$$

$$四角形DEFH=\triangle HQF-\triangle DEQ$$

$$=4\times\triangle HEF-\frac{1}{3}\times S$$

$$=4\times\frac{4}{21}\times S-\frac{1}{3}\times S$$

$$=\frac{16}{21}\times S-\frac{1}{3}\times S$$

$$=\frac{9}{21}\times S$$

$$=\frac{3}{7}\times S$$

$\triangle ABH$の面積は、$\frac{3}{7}\times S$でした。ということは、

$$\triangle ABH：四角形DEFH=\frac{3}{7}\times S：\frac{3}{7}\times S$$

$$=\mathbf{1：1}$$

となり、(3)の答えが求まりました。

この問題は、これでもかというくらいに比をたくさん使います。さらに、求めたいもの以外を見る「逆の視点」も求められました。また、いろいろな面積を比べるために基準となる正三角形を用意する点も重要です。中学入試の中でもかなり難易度の高い問題といえるでしょう。

問題5. 奈良学園中［思考実験・法則の発見・評価］

次の□にあてはまる数を答えなさい。

古代エジプトでは、いろいろな分数を分子が1の分数をいくつかたした形で表していました。

(1) $\frac{1}{2}$を$\frac{1}{A}+\frac{1}{B}$(A、Bは整数でAはBより小さい)と表すとA=［ア］、B=［イ］となります。

(2) 次に、(1)の$\frac{1}{B}$を$\frac{1}{C}+\frac{1}{D}$(C、Dは整数でCはDより小さい)と表す表し方は［ウ］通りあり、Cにあてはまる数のうちでいちばん小さいものは［エ］で、そのときのDは［オ］です。

(3) さらに、(2)の$\frac{1}{D}$を$\frac{1}{E}+\frac{1}{F}$(E、Fは整数でEはFより小さい)と表すと、Eにあてはまる数のうちでいちばん小さいものは［カ］で、そのときのFは［キ］です。これから(1)と(2)を使うと、$\frac{1}{2}+\frac{1}{A}+\frac{1}{C}+\frac{1}{E}+\frac{1}{F}=1$となることがわかります。

(4) $\frac{13}{36}$を$\frac{1}{4}+\frac{1}{P}+\frac{1}{Q}+\frac{1}{R}$(P、Q、Rは整数でP、Q、Rの順に大きくなる)と表すと、Rが5000以上になるのは、Pが[ク]、Qが[ケ]、Rが[コ]のときです。

分数の歴史はかなり古いのですが、昔の人は分子が1のものしか扱えませんでした。そういう歴史的経緯を題材にした、なかなか面白い問題です。

(1)に関しては、仮にAを2だとしてみると、$\frac{1}{2}=\frac{1}{2}+\frac{1}{B}$となって、$\frac{1}{B}$の余地がなくなってしまいますから、Aは確実に3以上です。そこで3を入れてみると、

$$\frac{1}{2}=\frac{1}{3}+\frac{1}{B}$$

$$\frac{1}{B}=\frac{1}{2}-\frac{1}{3}$$

$$=\frac{1}{6}$$

となりますから、**A=3、B=6**だとわかります。

$\frac{1}{2}$に関しては、$\frac{1}{3}+\frac{1}{6}$の1通りにしか表せませんが、(2)以降の問題では、表し方が何通りかあるといいます。

こうした問題を考える上でのキーワードは、「**思考実験**」

と「**評価**」です。

いろいろな値を入れてみた結果がどうなるかという思考実験と、そしてどうやって値の範囲を評価して絞り込んでいくか、が大事になります。

CHECK

値を評価して絞り込んでいく

(1)の結果から、(2)は次のようになります。

$$\frac{1}{6}=\frac{1}{C}+\frac{1}{D}\quad (C<D)\quad \cdots①$$

Cが取れる値はどのようなものでしょうか。Cはいくらでも小さくなれるわけではなく、たとえば、Cが2になることはありえませんね。$\frac{1}{2}$は$\frac{1}{6}$より大きいですから。Cは確実に6よりも大きいはずです。わかりやすくするために、上の式を変形してみましょう。

$$\frac{1}{D}=\frac{1}{6}-\frac{1}{C}\quad \cdots②$$

この式が意味しているのは、①で$\frac{1}{6}$という値をつくるためには、$\frac{1}{C}$は大きすぎてはいけない。ちゃんと$\frac{1}{D}$のためのスペースが残っていないとダメだということ。つまり$\frac{1}{6}-\frac{1}{C}$が正の数になっている必要があります。

$$\frac{1}{D}=\frac{1}{6}-\frac{1}{C}>0$$

ここから、C>6。さらに、Cは整数ですから、C≧7ということがわかります。

それでは、7以上ならCはいくつでもよいのでしょうか。

問題文には、「C<D」と書いてあります。つまり、$\frac{1}{C}>\frac{1}{D}$。ならば、$\frac{1}{C}+\frac{1}{D}$は、$\frac{1}{C}+\frac{1}{C}$よりも小さいです。

式に書いてみると、

$$\frac{1}{6}=\frac{1}{C}+\frac{1}{D}<\frac{1}{C}+\frac{1}{C}=\frac{2}{C}$$

という関係になることがわかります。

つまり、

$$\frac{1}{6}<\frac{2}{C}$$

$$\Rightarrow \quad C<12$$

Cは整数なのでC≦11。先のC≧7と合わせて、Cは7から11の範囲にあることがわかりました。

Cの候補は5個しかないので、②の式に1つずつ入れて調べてみましょう。

$$\frac{1}{D}=\frac{1}{6}-\frac{1}{7}=\frac{1}{42} \quad \cdots\cdots \quad ○$$

$$\frac{1}{D}=\frac{1}{6}-\frac{1}{8}=\frac{2}{48}=\frac{1}{24} \quad \cdots\cdots \quad ○$$

$$\frac{1}{D}=\frac{1}{6}-\frac{1}{9}=\frac{3}{54}=\frac{1}{18} \quad \cdots\cdots \quad ○$$

$$\frac{1}{D}=\frac{1}{6}-\frac{1}{10}=\frac{4}{60}=\frac{1}{15} \quad \cdots\cdots \quad ○$$

$$\frac{1}{D}=\frac{1}{6}-\frac{1}{11}=\frac{5}{66} \quad \cdots\cdots \quad \times$$

$\frac{5}{66}$は分子が1ではないからダメですね。

以上より、$\frac{1}{6}$を$\frac{1}{C}+\frac{1}{D}$で表す表し方は**4通り**あり、一番小さい**Cは7**、そのときの**Dは42**となります。

こうやって実際に計算を行ってみると、何となく規則性が見えてくるような気がしないでしょうか。たとえば、$\frac{1}{6}-\frac{1}{7}$のように、分母が近い数の場合ほど、通分(と約分)によって分子を1にした分数の分母が大きくなりやすいようです。

このことは(4)で活きてきます。

(3)に移ります。Dは42なので、(2)の場合と同じように考えて、

$$\frac{1}{42}=\frac{1}{E}+\frac{1}{F}$$

$$\Rightarrow \quad \frac{1}{F}=\frac{1}{42}-\frac{1}{E}>0$$

$$\Rightarrow \quad E \geqq 43$$

Eは43以上だとわかりました。

Eが43の場合、$\frac{1}{F}$は次のようになります。

$$\frac{1}{F}=\frac{1}{42}-\frac{1}{43}$$

$$=\frac{43-42}{42\times43}$$

$$=\frac{1}{1806}$$

ちゃんと分子が1の分数になりましたね。

このように、分子がともに1で分母は1つちがいの分数どうしで引き算を行うと、分子が1で、かつ分母が大きな

分数になります。このことも(4)で活用しますので覚えておいてください。結局(3)の答えは、一番小さい**Eは43**で、そのときの**Fは1806**ということになります。

(4)は一見すると複雑そうですが、実は(1)から(3)の法則性がそのまま使えます。

まず問題文を整理すると、

$$\frac{13}{36}=\frac{1}{4}+\frac{1}{P}+\frac{1}{Q}+\frac{1}{R}$$

$$\Rightarrow \quad \frac{1}{9}=\frac{1}{P}+\frac{1}{Q}+\frac{1}{R}$$

問題文の条件に「Rが5000以上になる」とありますね。5000というのは大きな数なので、PやQはできるだけ小さい数を選んだ方が良さそうです。

また、3つの分数の和になっていますから、これを2つの分数の和に置き換えてみましょう。たとえば、$\frac{1}{Q}+\frac{1}{R}$を仮に、$\frac{1}{S}$と置いてしまうわけです。

CHECK

複雑な式は、いったん別の記号で置き換えて単純化する

そうすると、

$$\frac{1}{9}=\frac{1}{P}+\frac{1}{S}$$

と、(1)から(3)と同じような問題になりました。

あとはこれまでと同様に考えれば、P≧10となり、Pに10を入れてみると、

$$\frac{1}{S}=\frac{1}{9}-\frac{1}{10}=\frac{1}{90}$$

$$\Rightarrow \quad \frac{1}{90}=\frac{1}{Q}+\frac{1}{R}$$

(3)で経験した通り、分母が1つちがいの引き算になるので、分子が1で分母の大きい分数が得られます。

これも同じように解いて、Q≧91。

さらに解いていくと、

$$\frac{1}{R}=\frac{1}{90}-\frac{1}{91}$$

$$=\frac{1}{8190}$$

となり、Rが5000以上という条件を満たすので答えは、**P＝10、Q＝91、R＝8190**となります。

(4)は確かに難しいですし、これが解ける小学生(あるいは大人も)は、そう多くはないでしょう。ただ重要なのは、

闇雲に計算をするのではなく、計算をしながら**法則性**に気づけるかどうか。

今回の問題でいえば、差を取る2つの分数の分母が1つちがいのときに、通分すると、分子が1で分母の大きい分数が得られることに気づけるかがポイントです。

問題6. 桜蔭中［逆を考える・言い換え］

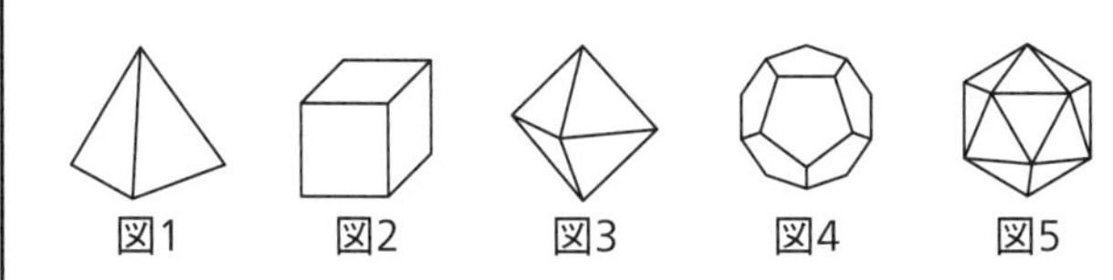

図1は表面が同じ大きさの正三角形4個からなる立体で正四面体といいます。

図2は表面が同じ大きさの正方形6個からなる立体で立方体といいます。

図3は表面が同じ大きさの正三角形8個からなる立体で正八面体といいます。

図4は表面が同じ大きさの正五角形12個からなる立体で正十二面体といいます。

図5は表面が同じ大きさの正三角形20個からなる立体で、正二十面体といいます。

これらの立体の辺をカッターで切り、開いて平面にすることを考えます。そのとき、辺以外は切らないものとし、切り開いてできたものは2枚（まい）以上に分かれていないようにします。いくつの辺を切ればよいかを考えます。

（例）図1の場合、3つの辺を切ると図6または図7のようになります。図8のように4つの辺を切ると2枚に分かれるので条件に合いません。よって切る辺の数は3です。

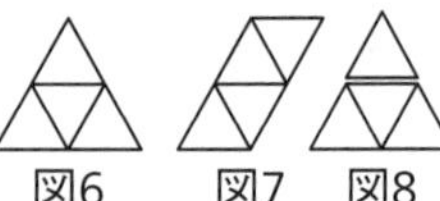
図6　図7　図8

図2、図3、図4、図5の場合はそれぞれいくつの辺を切ればよいですか。辺の数を答えなさい。

正多面体を使った問題です。小学校のカリキュラムでは、正多面体は扱いませんが、問題文に正多面体についてすべて記述してあります。もっとも、難関中学を受験する生徒のほとんどは、正多面体についても塾などで習ってはいるでしょう。

ここでは展開図をつくる必要が出てきます。例に出ている正四面体なら展開図も簡単ですが、正八面体以上になってくるとなかなか大変そうです。

とはいっても、まずは試してみないと方向性も決まりませんから、正四面体の次に簡単そうな立方体の展開図をつくってみましょう。

立方体の展開図は何種類かありますが、検討のためにとりあえず2種類つくってみました。次の図です。

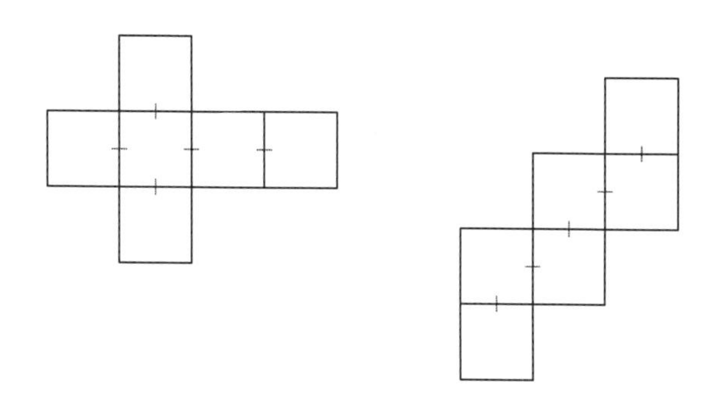

この展開図をざっと見てまず気づくのは、「切った辺を考えるのは大変そうだ」ということではないでしょうか。

ならば、どうするか。「切った辺」ではなく、「つながっている辺」の方を考えてみてはどうでしょうか。

CHECK

求めるものが難しい場合は、「それ以外」を見る視点で考えてみる

問題文の例に出ている正四面体では、つながっている辺は3本です。立方体では、5本つながっています。念のため、異なる展開図で確かめてもつながっている辺の本数は同じです。となると、正多面体の辺の数から、展開図でつながっている辺の数を引けば、切った辺の数がわかります。

しかし、正多面体の辺の数はどう考えればよいのでしょうか。正四面体や立方体くらいなら数えてもよいですが、正十二面体や正二十面体になってくると数えようとしても難しく、間違いをしそうです。

ここは、式をつくって計算してみましょう。

まず正多面体を頭に浮かべてみてください。辺について考えてみると、どんな辺も2つの平面で共有されています。

正四面体であれば、3辺からなる正三角形が4つ含まれますから、これらの正三角形がバラバラなら辺の合計は3×4で12。それぞれの辺は2つの平面で共有されているわけですから、正四面体の辺の数はその半分で6本です。

同様に、立方体なら辺が4本の正方形が6つあり、正八面体は辺が3本の正三角形が8つある……。これらを式にすると、次のようになります。

正四面体の辺の数＝3×4÷2＝6
立方体の辺の数＝4×6÷2＝12
正八面体の辺の数＝3×8÷2＝12
正十二面体の辺の数＝5×12÷2＝30
正二十面体の辺の数＝3×20÷2＝30

それでは、展開図でつながっている辺についてはどう考えればよいでしょうか。

正四面体と立方体については、先の展開図でつながっている辺の数がわかっています。

しかし、正八面体以上はどうでしょうか。展開図を確実に描くのはなかなか大変そうです。

ここで、うまい「言い換え」ができないかと考えてみてください。

正多面体が最初から存在していると考えるのではなく、

面をつなぎ合わせて正多面体の展開図をつくっていくと考えるのです。

4枚の正三角形を3回つなげれば、正四面体の展開図。6枚の正方形を5回つなげれば立方体の展開図ができ上がります。

目の前にバラバラになったn個の正多角形があるとき、$n-1$回つなげる、つまり$n-1$本の辺をつなげれば、1枚の展開図になるということです。

CHECK

n個の面をつなぎ合わせるには、$n-1$個の辺を共有する必要がある

ここまでの思考プロセスを整理しましょう。

・切る辺の数は、正多面体の辺の合計から展開図でつながっている辺の数を引いたもの
・正多面体の辺の合計は、すべての面の正多角形の辺の数の合計の半分
・n個の面がつながってできている展開図は、$n-1$本の辺を共有している

たとえば、正四面体の展開図は4つの面がつながっているので、$4-1=3$本の辺がつながっている。立方体の展開図は6つの面がつながっているので、$6-1=5$本の辺がつながっている、ということです。

このつながっている辺の数を、それぞれの正多面体の辺

の数から引けば、開いて平面にするために切る辺の数がわかります。以下が答えです。

正四面体の場合 … 6－(4－1)＝**3**
立方体の場合 … 12－(6－1)＝**7**
正八面体の場合 … 12－(8－1)＝**5**
正十二面体の場合 … 30－(12－1)＝**19**
正二十面体の場合 … 30－(20－1)＝**11**

この問題での山場は終盤、面をつなぎ合わせる条件のところでしょう。正多面体の展開図と考えると、立方体だけでもいくつものパターンがありえます。うっかりしていると、展開図を描いたつもりでもうまく正多面体に組み上がらなかったりもする。ところが、バラバラにしたn個の面をつなぎ合わせていくと考えれば、$n-1$個の辺を共有しているという条件が見えてきます。

最初にこの問題を見たとき、多くの人がおそらく「どうやって考えていけばいいんだろう」と戸惑ったことでしょう。しかし、うまい「言い換え」を見つけることで、単純な計算で答えが出せてしまう、そういう点が非常に面白い問題です。

問題7. 駒場東邦中［思考実験・法則の発見］

次の問いに答えなさい。

(1) 円Oの外側を同じ半径の円が接しながらすべらない

ように転がります。

① (図1)のように、円Pの位置から円P_1→P_2→P_3の順に移ったとき、円Pの周上の点Aが移った点A_1、A_2、A_3の位置を、それぞれ図P_1、P_2、P_3の周上にかきなさい。

(図1)

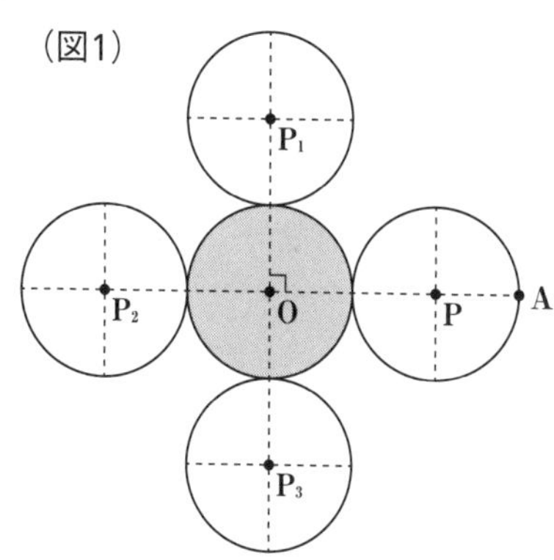

② 円Pが円Oのまわりを1周してもとの位置に戻ったとき、円P自身は何回転していますか。

(2) (図2)では、円Oの外側を半径が円Oの$\frac{1}{2}$倍の円Qが接しながらすべらないように転がります。円Oの外側を1周してもとの位置に戻ったとき、円Q自身は何回転していますか。

(図2)

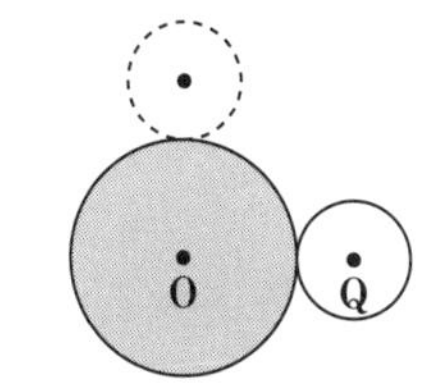

(3) (図3)では、円Oの内側を半径が円Oの$\frac{1}{3}$倍の円Rが接しながらすべらないように転がります。円Oの内側を1周してもとの位置に戻ったとき、円R自身は何回転していますか。

(図3)

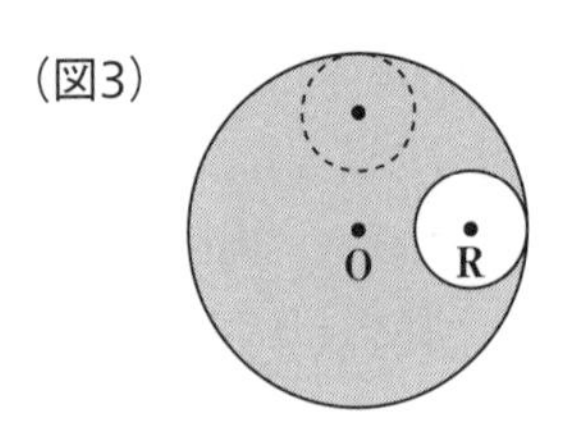

(4) (図4)では、半径の等しい2つの円O_1、O_2が図のように接しており、その外側を同じ半径の円Sが接しながらすべらないように転がります。この図形の外側を1周してもとの位置に戻ったとき、円S自身は何回転していますか。

(図4)

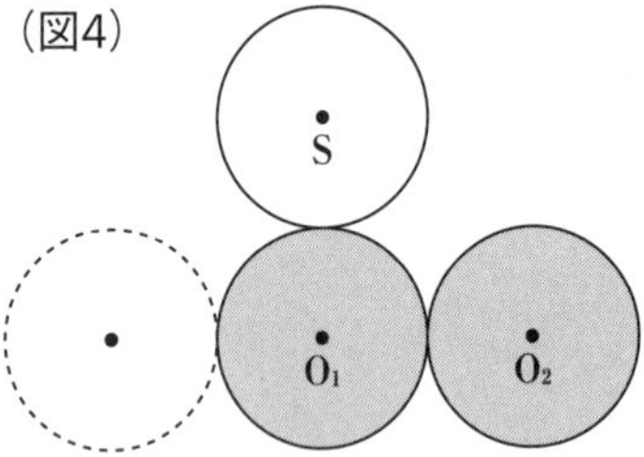

難しい問題ですが、含まれている小問を解いていくことで、思考実験をさせてくれる仕組みになっています。

その前に、問題のままだと円がどういうふうに回転していくのかわかりにくいので、点Aだけではなく点B、C、Dの記号を書き足しておきます。

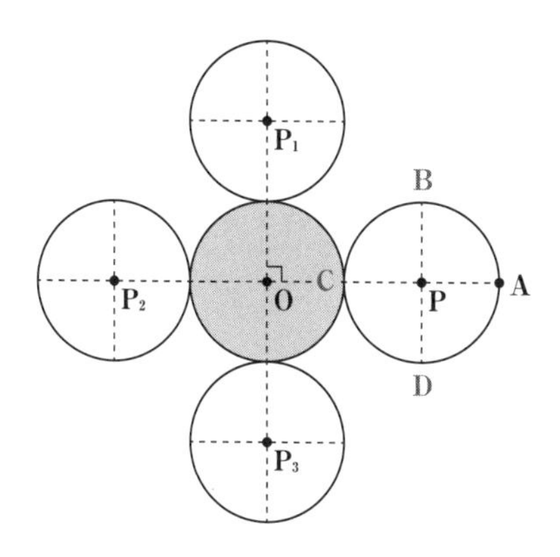

それでは、円Pを円P_1の位置まで回転させてみます。点A、B、C、Dはそれぞれ点A_1、B_1、C_1、D_1に移動します。

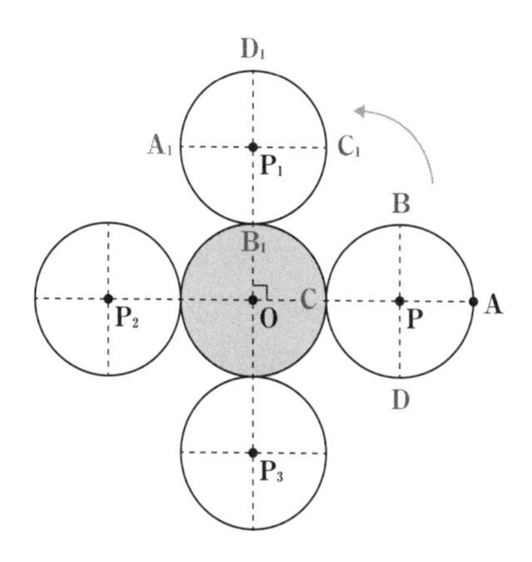

同様にして、円P_2、円P_3の位置に移動すると、次の図のようになります。

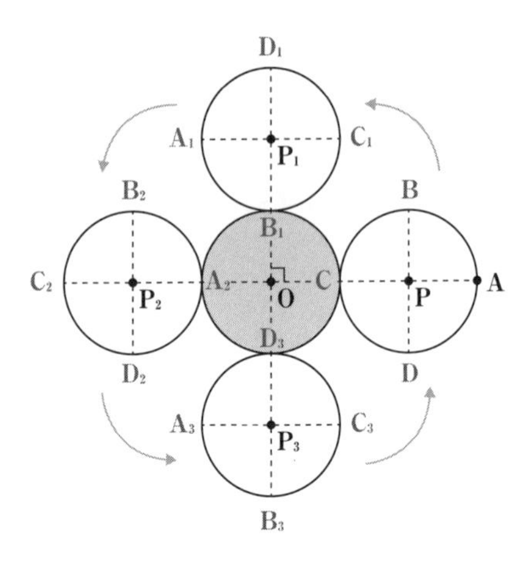

上の図が⑴の①の答えになっているわけですが、点$A \to A_1 \to A_2 \to A_3 \to A$がどのように動いているのかを見てみると、円Oの周囲を回る間に円P自身は2回転していることがわかります。よって②の答えは、**2回転**です。問題文を眺めているだけだと、⑴の②は1回転だと答えてしまいがちですが、きちんと回転の様子を記し、思考実験をしてみれば、2回転だと納得できると思います。

⑴は簡単ですが、⑵以降、さまざまなサイズの円が登場してきます。⑴と同じように1つひとつ思考実験をしていくこともできますが、かなり手間がかかりそうですね。

そもそも、⑴で円Pが円Oの周りを1周する間に、なぜ円Pは2周しているのでしょうか。円の移動と回転数の関係をうまく公式化できれば、後の問題もスムーズに解けそうな気がします。

どうすれば、円Pの動きをうまく表せるでしょうか。ここでAのような移動する円の周上の点の動きを見てしまうと、中央の円に対して近づいたり、離れたりするので厄介です。

ならば、移動する際に安定していそうな中心に着目してみてはどうでしょうか。

CHECK

円の移動に関する問題は、円の中心がどのような軌道を描くかを考えてみる

円Pの中心の移動する軌跡は円になり、この円を描くと、次の図のようになります。この円の半径は、円Oの半径の2倍になっています。

円Pが円P_1の位置まで移動する、つまり円Pが円Oの周りを$\frac{1}{4}$周する間に、外側の円Pは$\frac{1}{2}$回転しています。

ここからわかってくるのは、移動する円Pの中心が描いた円の円周の$\frac{1}{4}$と、円Pの円周の$\frac{1}{2}$は等しいということです。

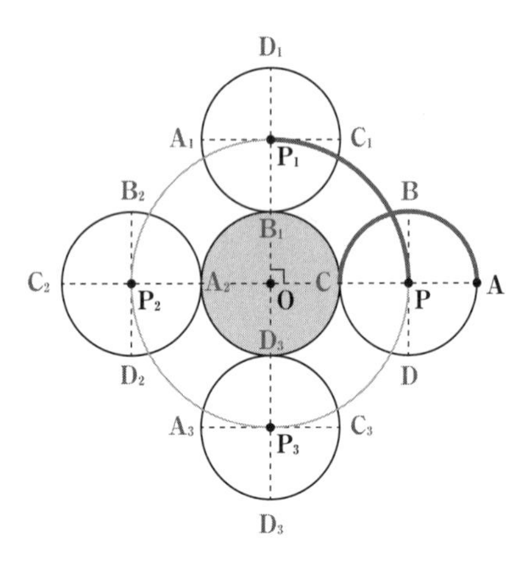

円の移動と回転数の関係が少し見えてきました。

しかし、弧の長さ同士だと比較しづらいので、ちょっと工夫して直線にしてしまいましょう。円が円周上を移動していくのではなく、直線上を移動していると考えるのです。

CHECK

円周上の移動を直線上の移動に変換する

円の周囲に墨を付けて、直線の上で(すべらないように)回転させる様子を思い浮かべてください。まずは円を半回転させてみましょう。

前の図にあるように、直線上に付いた墨の跡は、円周の半分に等しくなります。

ここで注目していただきたいのは、この長さが回転した円の中心が移動した距離にも等しくなっているところです。同じように円を1回転させれば、「直線上に付く墨の跡」も「円の中心の移動距離」も円周に等しくなり、2回転させればどちらも円周の2倍になります。

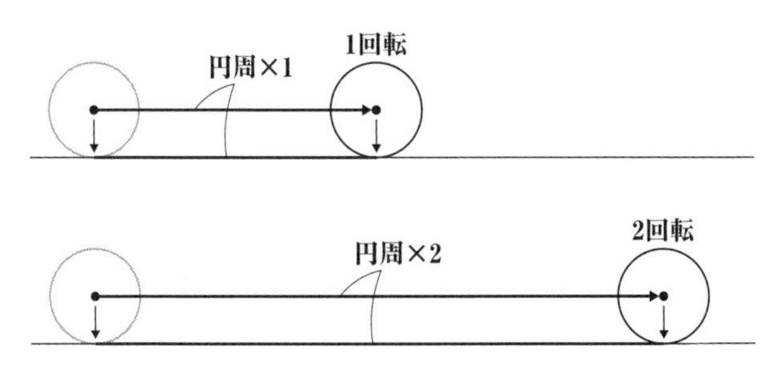

公式：中心の移動距離＝回転する円の円周×回転数

こうやって図にしてみると、円の中心の移動距離は、円周に回転数を掛けたものだとわかってきます。

ここまでわかれば、あとは簡単です。

⑵の図2についても、円Qの中心がどのように動いているかを示す円を描いてみましょう。

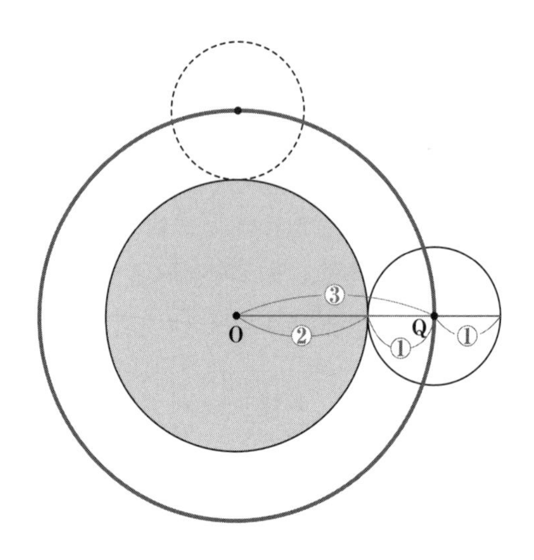

円Qの半径は円Oの$\frac{1}{2}$ですから、移動する円の中心が描く円の半径と円Qの半径の比は、3：1となります。円Qの中心の移動距離は、円Qの円周の3倍です。すなわち円Qが円Oの外側を1周するためには**3回転**しなければならないことがわかります。

⑶の図3も⑵と同様です。

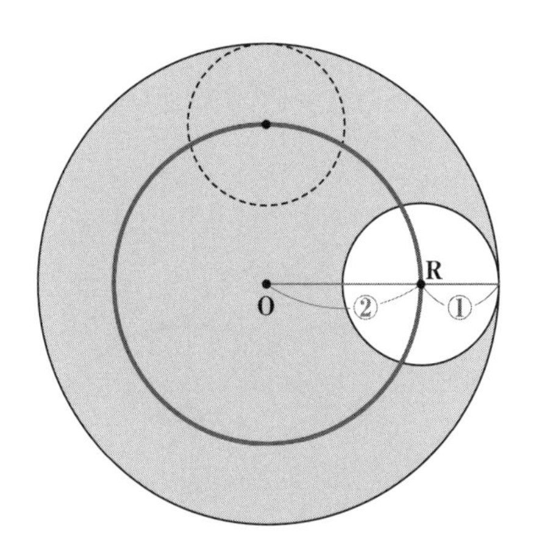

円Rの中心が描く円の半径と円Rの半径の比は、2：1となります。円Rの中心の移動距離は、円Rの円周の2倍なので、円Rが円Oの内側を1周するためには**2回転**する必要があります。

(4)では接した2つの円の周囲を回るため、回る軌道にくぼみができるのが面倒です。しかし、中心の移動距離についての公式化という一番の難関はすでにクリアしているので安心してください。これについても中心の描く軌跡を図にしてみましょう(次ページ)。

ひょうたんのような形の図形が現れました。問題文には、円O_1と円O_2と円Sの半径はすべて等しいと書いてありますから、図中の三角形は正三角形です。正三角形の1つの角は60°なので、上下の正三角形がつくり出す角は120°で、その外側は240°。

つまり、ひょうたん図形の半分は、240°の弧になっているということです。

円Sの中心は、この弧2つ分、つまり480°分移動することになります。

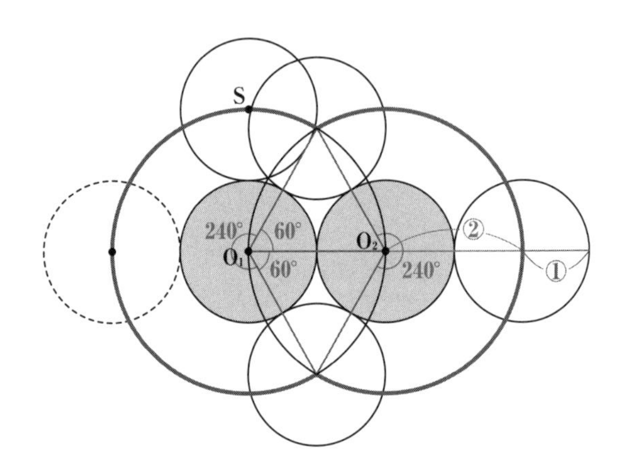

円Sの中心が描く円の半径は円Sの半径の2倍ですが、円Sは円O_1を1周ではなく、$\frac{480°}{360°}$周するということです。

よって、(4)の答えは、

$$\frac{②}{①}\times\frac{480°}{360°}=\frac{8}{3}\textbf{回転}$$

となります。

(1)では回転の様子を丹念に追い、思考実験をして何回転かを求めていくわけですが、(4)になってくるとさすがにそういう実験は難しいでしょう。(1)の段階で、円の中心の移動距離がどう求められるかと考え、**それを公式化するという発想**が必要になってきます。

思考実験という具体化と、法則を見つけ、公式をつくるという抽象化の両方の力を問う良問です。

問題8. 開成中 [情報の視覚化・比の利用]

A地点からB地点に向かって一定の速さで流れている川があります。この川のA地点からボールを流し、同時にB地点からA地点に向けて船が出発しました。船がA地点で折り返して、B地点まで1往復したところ、船がB地点に到着してから42秒後にボールもB地点に到着しました。船がB地点からA地点まで行くのにかかった時間は、船がA地点からB地点まで行くのにかかった時間の2.25倍でした。船の静水での速さは一定として、次の問いに答えなさい。

(1) ボールがA地点を出発してからB地点に到着するまでに何分何秒かかりましたか。

(2) 船とボールが出発してから、

(ア) 最初に出会うまでにかかった時間

(イ) 船がボールに追いつくまでにかかった時間

はそれぞれ何分何秒ですか。

中学入試によく登場する「流水算」ですが、問題の構造が複雑で、難易度は相当に高くなっています。

この問題で大きなヒントになっているのが、「船がB地点からA地点まで行くのにかかった時間は、船がA地点からB地点まで行くのにかかった時間の2.25倍」という部分です。あとで計算しやすいように、$2.25=\frac{9}{4}$倍と分数表記に直しておきましょう。

比で表すと、

B→Aの時間：A→Bの時間＝9：4

です。

ここで、速さと距離、時間の関係を思い出してください。

$速さ=\frac{距離}{時間}$でしたね。ということは、距離が一定ならば、速さと時間は反比例の関係になるのです。速さが2倍、3倍になれば、時間は$\frac{1}{2}$倍、$\frac{1}{3}$倍になります。

CHECK

$速さ=\frac{距離}{時間}$より、移動する距離が一定なら速さの比と時間の比は逆になる

次に、上り／下りの速さに対して船の速さ、流れの速さの関係を考えてみましょう。ただし、ここでいう「船の速さ」とは、静水時(流れがない状態)の船の速さのことをいいます。

$$\begin{cases} \text{上りの速さ＝船の速さ－流れの速さ} \\ \text{下りの速さ＝船の速さ＋流れの速さ} \end{cases}$$

となることは、おわかりですね。この問題ではB→Aが上り、A→Bが下りです。

先ほどの速さと時間の関係を使うと、

上りの時間：下りの時間＝9：4
⇓
上りの速さ：下りの速さ＝4：9
船の速さ－流れの速さ：船の速さ＋流れの速さ＝4：9

と表すことができます。ここまでわかれば、船の速さ：流れの速さも求めることができます。

比の方程式、「外側の項の積＝内側の項の積」を解いて求めることもできますが、ここでは図を使って直感的に説明してみましょう。

$$\begin{cases} A+B=\textcircled{m} \\ A-B=\textcircled{n} \end{cases}$$

という関係を図で表すと、次のようになります。

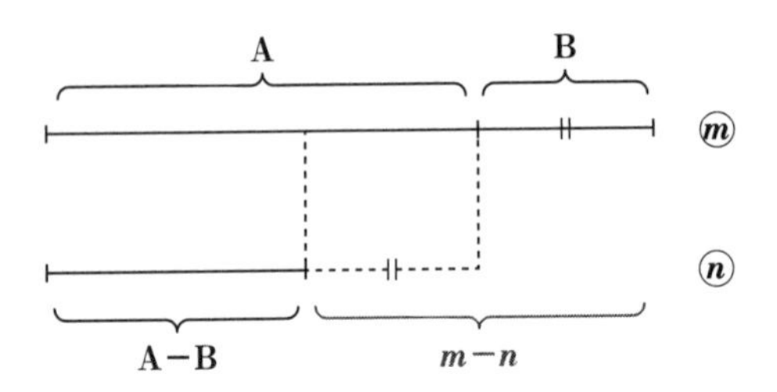

$m-n$はBの2個分ですから、$m-n$を2で割ればBになるということですね。

こういう関係がわかっていれば、

$$\begin{cases} 船の速さ+流れの速さ=⑨ \\ 船の速さ-流れの速さ=④ \end{cases}$$

⇓

$$流れの速さ=\frac{⑨-④}{2}=(2.5)$$

$$船の速さ=⑨-(2.5)=(6.5)$$

⇓

$$\begin{aligned} 船の速さ：流れの速さ&=6.5：2.5 \\ &=13：5 \end{aligned}$$

だとわかります。

船と流れの速さの比がわかったところで、問題を解いていきましょう。

しかし、船が折り返してから何秒後など、状況が込み入っていますから、視覚化することにします。横軸を時間、縦軸を位置とするいわゆる「ダイヤグラム」を使うのが便利です。

CHECK

ダイヤグラムを使って、時間と位置の関係を視覚化する

本問のダイヤグラムを描くと、次のようになります。

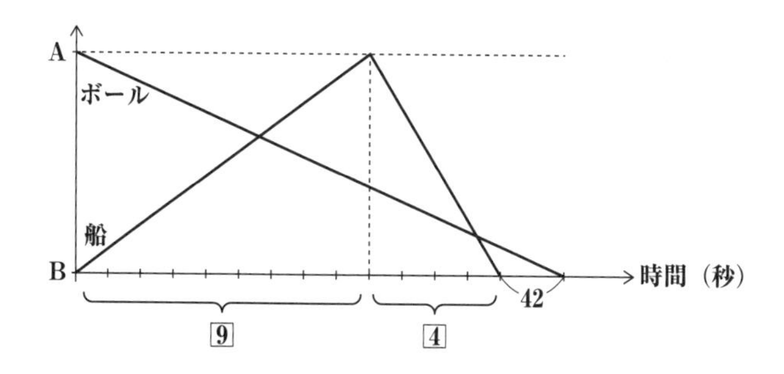

船がいつ折り返したのか具体的な時間はわかりませんが、上りの時間と下りの時間の比は9：4とわかっていますから、比だとわかるよう⑨と④で表しています。船がB地点に帰ってきてから42秒後にボールがA地点に着く情報も書き入れました。

それでは、(1)のボールがA地点を出発してからB地点に到着するまでの時間を考えていきましょう。ボールの速さは、流れの速さと同じですね。

ここまでのところ、船の速さと流れの速さの比はわかっています。

船の速さ：流れの速さ＝13：5

船の上りの速さ：船の下りの速さ：流れの速さ
＝船の速さ−流れの速さ：船の速さ＋流れの速さ：流れの速さ
＝13−5：13＋5：5
＝8：18：5

時間の比に直すと、

船の上りの時間：船の下りの時間：流れ(ボールの片道)の時間

$$=\frac{1}{8}:\frac{1}{18}:\frac{1}{5}$$

⇒　船の往復時間：ボールの片道時間$=\frac{1}{8}+\frac{1}{18}:\frac{1}{5}$

$$=\frac{13}{72}:\frac{1}{5}$$

$$=65:72$$

船の往復時間とボールの片道の時間の比は、65：72であることがわかりました。

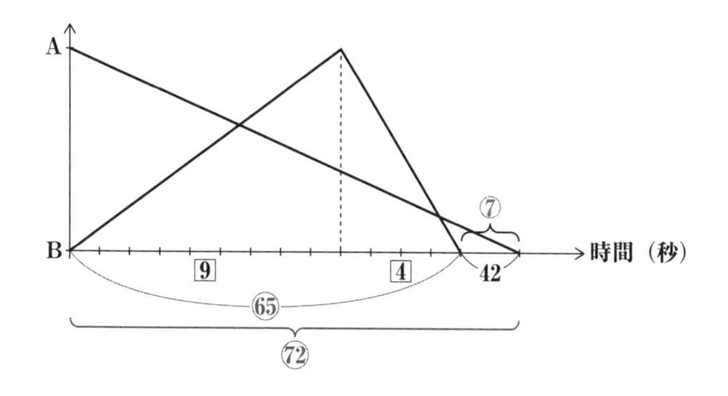

図を見てみると、⑦が42秒。ということは、①は6秒です。

よって、ボールの片道の時間は、

$$6 \times 72 = 432秒$$
$$= \mathbf{7分12秒}$$

となり、(1)の答えが求まりました。

この問題の難しいところは、実際の時間は「42秒」の1か所だけしか示されていないということです。それ以外はすべて比で表現されていますから、実際の値と比を混同しないように気をつける必要があります。

このことに注意しながら、(2)に取りかかりましょう。

(ア)の船とボールが最初に出会うまでにかかった時間を知るために、ダイヤグラムで交点を探します。すでに船の上りの速さとボール(流れ)の速さの比は、8：5だとわかっていますから図のようになります。ほかの比と間違わないよう、△8と△5で表しておきます。

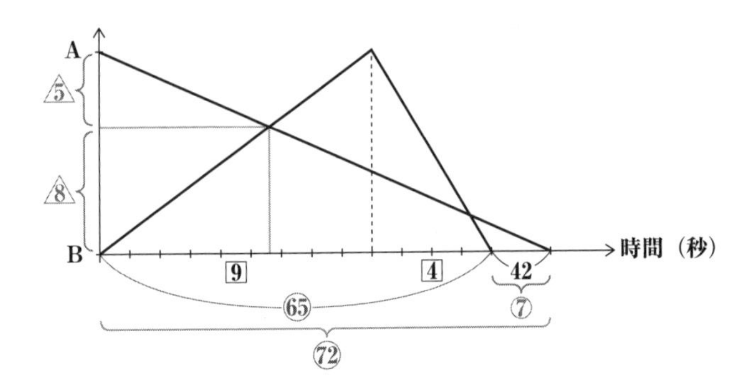

では、この交点の時間は何秒になるのか。

ダイヤグラムをよく見てみると、相似の三角形があることがわかります。ボールが船に出会うまでの斜線と、ボールがB地点に到着するまでの斜線がつくる直角三角形は相似です。

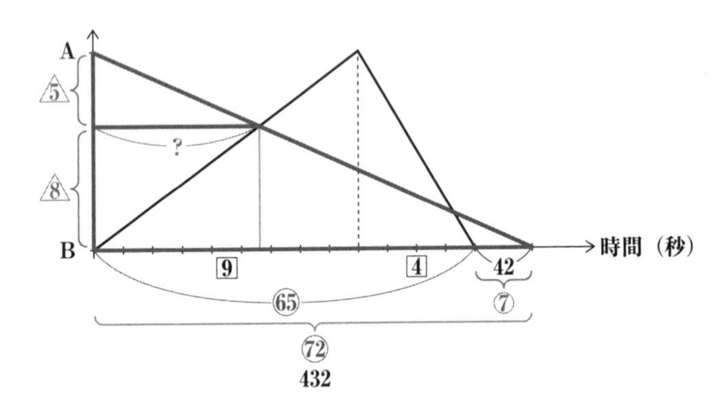

⑴からボールの片道の時間はわかっていますし、辺の比も5：(5+8)とわかっています。

よって、船とボールが最初に出会うまでにかかった時間、⑵の(ア)の答えは、

$$432\times\frac{5}{13}=\frac{2160}{13}$$

$$=166\frac{2}{13}$$

$$=\mathbf{2分46\frac{2}{13}秒}$$

です。

同じように、(イ)の船がボールに追いついたところの時間をダイヤグラムで見てみます。

しかし、ここまでの時間を直接求めるのは大変そうです。そこで、次の図の小さな直角三角形PQRの底辺を求めて、その値を432秒から引くことを考えます。

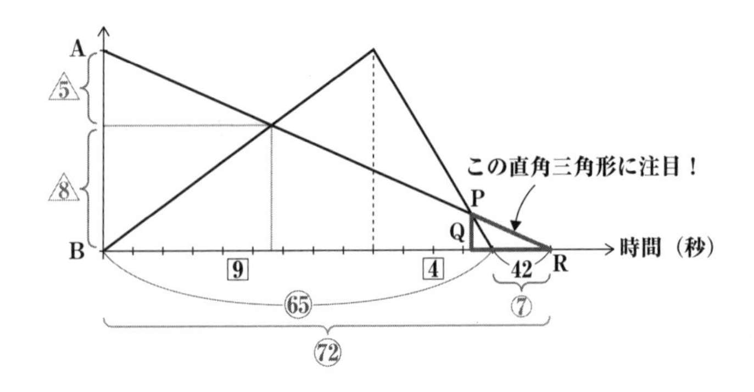

注目する直角三角形を拡大してみましょう。

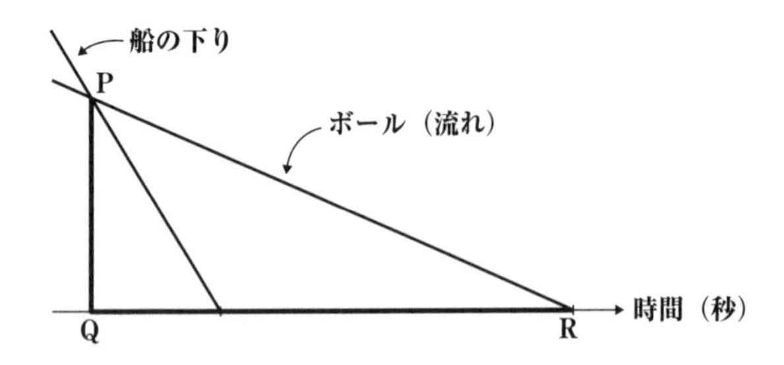

船の下りとボール(流れ)の速さの比は、18：5だとわかっています。

ということは、同じ時間で船は18進み、ボールは5進むことになります。

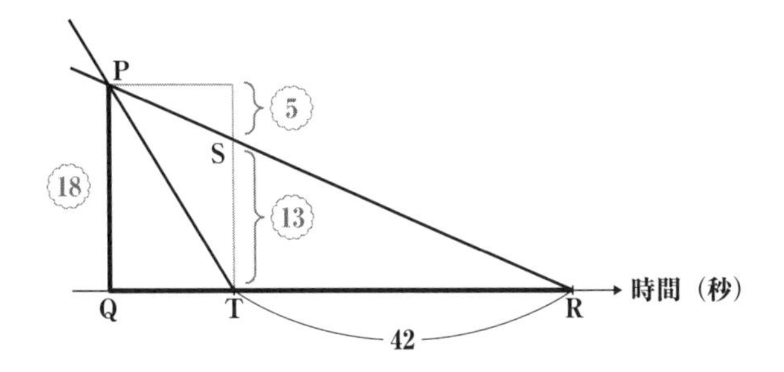

上の図の△PQRと△STRは相似となっており、その比は18：13なので、QRは

$$42\times\frac{18}{13}=\frac{756}{13}$$

$$=58\frac{2}{13}$$

よって、船が（ボールに）追いつくまでにかかった時間は、

$$432-58\frac{2}{13}=431\frac{13}{13}-58\frac{2}{13}$$

$$=373\frac{11}{13}$$

$$=\mathbf{6分13\frac{11}{13}秒}$$

となり、(2)の（イ）の答えが求まりました。

この問題は、間違いなく中学受験の中でトップレベルに位置するでしょう。

ポイントは、速さと時間は反比例になっていることに気づくこと、実際の秒数と比の混在した情報をダイヤグラムでうまく視覚化することにあります。

そこまでできれば、あとはダイヤグラム上の図形問題を解いていくというプロセスをたどります。

おわりに

本書に収めた24題の珠玉の中学入試問題を通じて、中学入試に対する印象が変わった方は多いのではないでしょうか。

こうした問題に日々取り組み、数学的思考力を磨いている子ども達がたくさんいることに対して、頼もしい気分になるのは私だけではないと思います。

一方で**「こんなに難しい問題を本当に小学生が解けるの?」**と疑問を持った方もいらっしゃるでしょう。もちろんほとんどの子どもが、最初はチンプンカンプンだったはずです。しかし、ウンウン唸りながら試行錯誤した後に、鮮烈な解法を教えてもらうという経験を何度も積む中で、ある程度優秀な子は、似たような考え方が通じるケースは少なくないことに気づきはじめます。そうなれば、初見の問題に対しても**「あのときに使えたあの発想を試してみよう」**と思うようになるのは自然なことでしょう。頭の柔らかい子どものうちにそういう訓練を多くの子は丸3年も受けるからこそ、本書に収めたレベルの問題を解ききってしまう子どもが出てくるのです。

残念ながら私たち大人にはふつう、子どものような頭の柔らかさはありません。しかしその代わり、子どもには到底太刀打ちできない**人生経験**があります。

本書の中で**「問題解決のための10の発想」**を特に強調

してきたのは、たくさんの問題を解いた経験がなくても、これまでの人生経験と照らし合わせることで、いろいろな問題に使える「似たような考え方」に気づいてもらいやすくするためです。場数を踏んでいる大人の方には特にこれが有効だと考えます。

私がふだん大人の方に数学を教えていて面白いと思うのは、大人は数学の問題の解法の中に見られるアイディアを、仕事や生活に活かせるところです。子どもはどうしても「勉強」の範疇の中で完結してしまいがちですが、**大人は数学の問題の解決法を、ライフハック（生活や仕事など、日常的な課題を解決するための知恵）にまで拡げることができます。**

本書はこれを、中学入試の算数の問題を使ってやってみよう、という試みです。私の挑戦がうまくいったかどうかは読者の皆様のご判断に任せるしかありませんが、「またこの考え方が出てきたぞ」「この見方は“数学的”だったのか」という気づきがたくさんあることを願っています。そうして、**他人にとっては鮮烈に思えるヒラメキが、ご自身にとっては必然になる快感**を味わっていただければ筆者としてこれ以上ない幸せです。

最後になりましたが、本書は山路達也さんに執筆のご協力をいただきました。この場をお借りして深く御礼申し上げます。また、NHK出版の依田弘作さんにも編集面でさまざまご尽力をいただきました。重ねて感謝申し上げます。

さらに、珠玉の入試問題の収載を許諾して下さった各中学校の関係者の皆さまにも厚く御礼申し上げます。

またどこかでお目にかかりましょう。
最後までお読みいただき、誠にありがとうございました。

5月　永野 裕之

編集協力　山路達也
DTP　明昌堂
校閲　東京出版サービスセンター

永野裕之 ながの・ひろゆき

1974年、東京都生まれ。
永野数学塾塾長。東京大学理学部地球惑星物理学科卒。
同大大学院宇宙科学研究所(現JAXA)中退後、
ウィーン国立音楽大学指揮科へ留学。
「数学こそ真のグローバル言語である」という信念のもと、2007年に開塾。
わかりやすい指導に定評がある。
著書に『とてつもない数学』(ダイヤモンド社)、
『ふたたびの高校数学』(すばる舎)、
『教養としての「数学I・A」』(NHK出版新書)など。

NHK出版新書 701

大人のための「中学受験算数」
問題解決力を最速で身につける

2023年6月10日　第1刷発行

著者　永野裕之

発行者　土井成紀

発行所　NHK出版
〒150-0042 東京都渋谷区宇田川町10-3
電話 (0570) 009-321(問い合わせ) (0570) 000-321(注文)
https://www.nhk-book.co.jp (ホームページ)

ブックデザイン　albireo

印刷　新藤慶昌堂・近代美術

製本　藤田製本

Printed in Japan ISBN978-4-14-088701-1 C0241